室内设计师.71

INTERIOR DESIGNER

图书在版编目 (CIP) 数据

室内设计师 . 71. 新生代 /《室内设计师》编委会
编 . — 北京：中国建筑工业出版社，2019.6
　ISBN 978-7-112-23654-1

Ⅰ. ①室… Ⅱ. ①室… Ⅲ. ①室内装饰设计—丛刊
Ⅳ. ① TU238-55

中国版本图书馆 CIP 数据核字 (2019) 第 081486 号

室内设计师　71
新生代
《室内设计师》编委会　编
电子邮箱：ider2006@qq.com
微信公众号：Interior_Designers

中国建筑工业出版社出版、发行（北京海淀三里河路 9 号）
各地新华书店、建筑书店 经销
上海雅昌艺术印刷有限公司 制版、印刷

开本：965×1270 毫米　1/16　印张：13½　字数：540 千字
2019 年 6 月第一版　2019 年 6 月第一次印刷
定价：60.00 元
ISBN 978-7-112-23654-1
　　　（33964）

CONTENTS

VOL.71

"好用好看"：
2019 年重大建筑的思考

撰　文 ｜ 王受之

最近十多年，"本年度十大"成了一种必须的时尚，十大电影、十大电视剧、拍卖价最高的十大艺术品、收入最高的十大演员、作家、画家。我基本不怎么关注这些近乎八卦的"十大"，但是建筑方面的"十大"却依然每年吸引我，一个是对建筑本身的兴趣，第二就是对建筑发展趋势的预测和了解。

2019 年春季以来，各路媒体都在推出"2019 年最重大的建筑"名单，我在网上看了接近十个不同的排列名单，不但有东西方各国，港台也有不同的名单。出于好奇，我对比这些名列十大的建筑名单，之间还是有很大的差异，比如国内的名单上庞大的北京大兴机场必然列在最前面，说是扎哈·哈迪德"最后一个建筑设计"，而在其他的媒体里面，甚至没有提到这个项目。我倒不觉得这里面有什么歧视，仅仅在于大家对建筑关心的层面、标准有所不同而已，因此我思考这篇文章怎么写才能够反应出建筑设计的意义和这些建筑物的明喻和暗喻，推敲半天，我想还是就讲讲自己的感觉。

今年较多人都点赞的重大建筑，还是硕大无朋、形态特异的多。扎哈设计的北京大兴机场属于这一类，这座机场今年 9 月份投入使用，四条跑道，年吞吐量要达到 7 千万人次以上，上面提到的北京大兴国际机场，好像一个巨大的章鱼、海星，趴在地上，这个巨大的建筑群原是 ADPI 设计集团(Groupe ADP)提出的"五星"方案，由扎哈建筑事务所进行造型优化。"五星"方案以航站楼核心区为中心，延伸出五条放射性指廊，西南、中南、东南三条指廊各长 411m，西北、东北两条各长 298m，单体面积在 4.6 万 ~10 万 ㎡ 之间；再加上楼前区域设置的服务楼指廊，形成六条指廊的均衡布局，每两条指廊之间的夹角为 60°，这是巨大和造型奇特建筑的另外一个典型。现在国内兴建的超大型机场越来越多，从深圳国际机场，到广州白云国际机场第二航站楼，连重庆都启用了巨大的三号航站楼。一般人根本看不见这个机场的形状，到底是扇面，还是一条龙的形式，无人知道，就是个说法而已，大家感兴趣的还是如何方便。好多机场要走半

个小时以上才能到登机口，有些甚至要走接近 40 分钟；有些机场布局复杂了，视觉识别不清楚，走进去方向性稀里糊涂。这样的设计，就是再做得与众不同，大家不会给什么美誉的，毕竟还是功能第一，所以扎哈这个造型好不好，要用过才知道。

如果按照这个思路去看，功能第一在用户来说还是第一性的，问题就在于选择最好建筑的时候，往往没有公众的参与，专家更多从形式、结构的特殊性来评鉴，就会出现好看不好用的情况了。

我看今年各个不同名单中被推为"2019 年最重要建筑"的一些共同特点，就是公共性多于私人性，地标性重于功能性，解构/有机形式多于现代主义中规中矩的形式。这些建筑中绝大分是完全不可能复制的，就是说在这栋作品完成之后没有出现第二栋类似作品的的可能性，因此它们也是具有建筑和雕塑两种元素内涵的作品了。

但是，有一样内涵元素则拉开了这些建筑在建筑界的关切深度，那就是建筑背

北京大兴机场

后的力量类型，如果是国家意志型、企业意志型的建筑物，一般建筑界会比较淡漠，因为它们体现的不仅仅是建筑师的思考，也包括了政府官员、企业顶层的意志。甲方意志甚至可能压倒建筑师的本意，好像中东产油国的一系列张扬的超级建筑，很难让大家作为真正严肃的建筑来讨论，没有多少人会去研究澳门的庞大赌场建筑的内涵和意义，就是这些建筑仅仅是为吸引客人注目而做。虽然扎哈也有一栋40层高的"新濠天地"酒店去年在澳门竣工，但是对建筑界来说，这就是一栋造型特殊的赌场而已，很难有人会深入地探讨。那建筑背后就是新濠博亚集团的意志力而已。

其实，这里已经提出了我想讲的一个思想，所谓重要建筑，处理功能地位之外，也需要突破性的设计造型和空间，而越多体现建筑师的个性和概念的作品，也就会越受到重视。我们下面提到的卡塔尔、埃及的一系列提名项目，其实都有这个特点。

被很多人都推出的十大建筑之一，是2019年3月15日开放使用的由英国前卫、高产的年轻建筑师托马斯·西斯维克（Thomas Alexander Heatherwick）在纽约设计的那个"维瑟尔塔"（Vessel），具有超级出人意料的造型，却也符合功能目的——观景塔，他的设计把功能目的最大化了，以造型出奇获得关注，因此属于好用好看的类型。这塔楼造型太奇怪，远看好像是一个大框子一样，因此在纽约被人称为"曼哈顿最大的垃圾桶"，也就知道观众反应如何；"维瑟尔塔"是公共建筑，并且比较纯粹的是建筑师自己的概念形成，纽约的官员并没有给他提出什么具体造型的指引。大家愿意谈它，是因为观景塔是大家都已经可以用的，在曼哈顿这个寸土寸金的地方，这个建筑无论多么像一个垃圾桶，却还是给大家创造了一个有趣的观景三维平台。这个建筑原来的两个名词："哈德逊院子的楼梯"（Hudson Yards Staircase）和"绍瓦玛"（The Shawarma）都有公众关切的焦点。西斯维克接到这个纽约观景塔项目的时候，他说想起他还是一个学生的时候，曾在一个建筑工地上见过一段废弃的木楼梯，这段不起眼的木楼梯激发了他的想象力，想建造一个建筑物，全部由楼梯组成，从来没有想到居然有这样的项目要求，现在他用全部楼梯构成的概念完成了"维瑟尔塔"，也就是童年的愿望实现了。这件事表明他在设计的时候有相当大的自由空间，因此才能够发挥得淋漓尽致。

其实今年西斯维克还有一个项目被推出，是他在上海的一个住宅建筑项目，叫做"千树"（1000 Trees），是一座类似古巴比伦空中花园的巨大混凝土丛林，在莫干山路。该项目总面积30万 m^2，400个露台交错重叠。原场地是一块狭长的东西向政府用地，位于苏州河畔 M50 艺术区与一座公园旁，另外几面被钢筋混凝土高层建筑包围。尽管场地巨大，随之而来的限制却也不少。这个巨大的项目由400级台阶形成的露台和1000根结构柱形成的树状柱台组成。建筑由两座"山体"组成，不用其他大型建筑物类似"包装盒""的方式，而是故意暴露结构，并使之成为主导。他说："如此庞大的建筑通常需要超过800根柱子来支撑。一般而言，我们都会想方

澳门摩珀斯酒店

上海"千树"住宅

纽约维瑟尔塔

设法隐藏柱子，以获取纯净直白的空间。既然柱子是如此重要的建筑结构组成部分，那不妨将其显露出来，使它成为最大的特点。于是，柱子顶端伸出了顶棚，仿佛从室内破墙而出的树干。每根柱子顶部都设有一个盆栽池，建成后会栽培单种或多种绿植。"西斯维克说，自2010年为上海世博会设计的英国馆"种子神殿"获得巨大反响后，上海投资方便邀约不断。因此他有机会近年来在上海设计了好几个项目，包括了复星艺术中心、BFC外滩金融中心等。但是这"千树"是最震撼人的，在苏州河旁边建巴比伦空中花园的概念，完全突破了上海传统和现代的套路，这样好用好看的建筑物，好像成了最近推选"十大建筑"的一个标准要求了。也是在纽约，在离开"维瑟尔塔"不远的的一个8层楼高的哈德逊城市公园综合艺术中心，也属于同一类作品，名字叫做"栅屋"（the Shed），这是由思科菲迪奥＋伦佛罗（Diller Scofidio + Renfro）设计事务所设计，这个建筑具有强烈的未来主义色彩，8层楼中有两层是艺术画廊空间，下面巨大的三角结构的玻璃屋顶下是活动场地，最有趣的

地方是建筑外壳可以从活动场地上方好像单筒望远镜那样伸出来，渐渐遮盖更多的下层空间，变成一个更大的有玻璃屋顶的活动场地，半室内活动场地就可以增大一倍，而活动完了这个伸缩顶又收回建筑里去，这是大家非常喜欢的设计特色。"栅屋"文化表演艺术中心位于"维瑟尔塔"和高线公园之间，以现代工业化的外观吸引注意，内部则是宽敞开放式的空间。

"栅屋"指的是这一8层高的艺术中心的顶棚形式，目的是要对游客与市民产生吸引力。有人说：如果"维瑟尔塔"是哈德逊城市公园的吊灯，那么"栅屋"就是壁炉。

"栅屋"之所以受关注，是这个作品是一个非营利性的艺术中心，容纳各种表演艺术活动，包括音乐、舞蹈、电影和视觉艺术类展览。执行总监普茨（Alexander Poots）表示，"栅屋"目的是为艺术家提供平台，建筑为艺术家提供了自由的流动空间。建筑中的主要空间叫做"超级场"（McCourt），可以容纳2000人。墙壁和顶棚外壳可以在轨道上移动，打通到周边的广场，成为一个露天多功能大厅。

艺术中心总共有8层楼，建筑每一楼都为不同特色的展览空间，六楼是格里芬（Griffin）剧院，有上升式舞台，拥有500人座位。

代表国家意志的大型作品今年有哪些呢？我们知道，卡塔尔将在最近几年举办一系列重大项目，2020年世博会和2022年世界杯比赛，因此这个富裕的产油国就竭尽全力投资建造超级建筑，其中一个被列入今年"十大建筑"的是卡塔尔国家博物馆（Qatar National Museum），这是法国建筑师让·努维尔设计室（Ateliers Jean Nouvel）的作品。2019年3月28日开幕，对外开放。

让·努维尔习惯设计吸引眼球、夸张作品，比如我多年前在巴黎看到的阿拉伯文化中心，居然用光敏感应器做出类似人类瞳孔形式的日光罩，就有些让人惊异。2008年他获得普利兹克奖后有点变本加厉，2012年设计的"中央公园一号"（One Central Park）为可持续设计设定了新的标准；他的阿布扎比的卢浮宫也在一年多前刚刚惊艳世界。在2019年开放的"卡塔尔国家博物馆"方案我在几年前已经见到

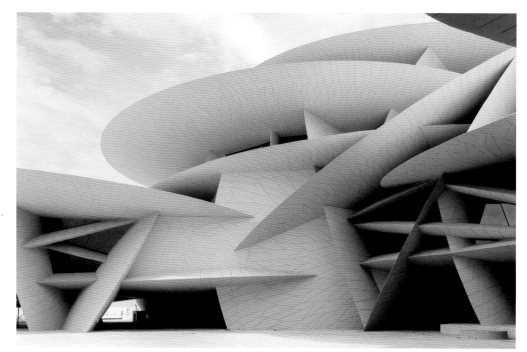

卡塔尔国家博物馆

了，这个是对 1901 年的老卡塔尔国家博物馆的升级项目，他在 2010 年提出设计方案，由一个互相交扣的圆盘形母题主导，据说这个母题受到了当地一种名为"沙漠玫瑰"的晶体的结构的启发。这个博物馆的外形设计的确非常特别，是很多薄薄的圆盘交错、重叠而成，在非常炎热的沙漠气候中，这些圆盘形成了很多遮阳的屋檐，有实实在在的功能意义，而无论从沙漠里看去，还是从海上看过来，这个建筑物都异常夺目。

去年听说努维尔赢得了中国美术馆新馆的设计项目，但是到今年没有见动静，是否真是花落他手，还要等一下看了。

卡塔尔其实最近也有一个扎哈·哈迪德的大型国家建筑即将落成，这个就是阿尔·沃克拉体育场（Al Wakrah），准备用于 2022 年的世界杯足球赛。体育馆能容纳 40,000 人，最惊人的是它的伸缩的屋顶能在 30 分钟内关闭，设计上把这么巨大的一个体育场包容进来多种社区空间和设施——学校、运动场、餐厅和零售店，甚至还有婚礼殿堂，也使得多半时间闲置的体育场可以有运营的内容空间了。不

过这个体育场是第一不应该选入 2019 年的项目，因为还没有完成；这个体育馆在当地有巨大的争议，据说是因为从空中看有点女性器官的感觉，好在扎哈已经去世了，吵也没有用了。

旧工业建筑的再生使用是新的设计潮流，这个突出体现在上海的"油罐艺术中心"，设计单位是国内的开放建筑。项目设计把旧的油罐仓库转变为由绵延的公共景观所连接起来的美术馆，就非常有意义，如果这个设计成功了，以后许许多多这类的建筑物就可以获得新生了。在上海坐地铁 11 号线到云锦路站出来就可以看到这个项目，也是在今年 3 月份落成的。

列入名单的建筑很多，其中库哈斯创建的大都会建筑事务所（OMA）设计的台北表演艺术中心、美国的"夫妻老婆店"雷瑟 +Umemoto 建筑设计事务所（Reiser + Umemoto）设计的台北流行音乐中心也都入列，都是很庞大的建筑单体。

在埃及热席卷西方近一百年之后，金字塔的历史地区终将收获一个用于展示和保护古代宝藏的本地空间。这一项目的竞赛可以追溯到 2003 年，吸引了来自 83

个国家的近 2000 个参赛方案。最终由来自都柏林的另外的一个"夫妻老婆店"赫尼汉 + 彭建筑事务所（Róisín Heneghan 和 Shih-Fu Peng）获得项目，全名是大埃及博物馆（The Grand Egyptian Museum，GEM），因为位于大金字塔所在的吉萨，因此也叫做吉萨博物馆（Giza Museum），按计划是世界上最大的考古博物馆。原计划于今年完工开幕，并展出完整的图坦卡蒙系列，但工程因 2011 年埃及革命而一度停工，埃及政府冀望于 2020 年开幕。该博物馆距离吉萨金字塔约 2km，占地 480,000m^2，是吉萨高原总体规划的一部分。计划展出包括图坦卡蒙面具在内的 5 万件展览品。这个博物馆是埃及文物的最大单一展示场所，从建筑面积来说，也是全世界最大的博物馆之一，其中有巨大的展示空间、会议设施、图书馆以及巨大的公共功能空间和研究设施。今年看见名单上有这个博物馆，估计会部分开放，而完全开放的时间根据不同的报道将在 2020 年和 2022 年之间。

名单上罗列的不少，我仅仅挑了一些我自己感兴趣的作品提出来，给大家讲讲吧。■END

新生代

撰 文 | Viccso

创新，是永无止尽的，科技如是，设计亦如是。

中国的室内设计从建筑设计中分离出来，成为独立学科，已经有三十多年的历史，一代一代的设计师们，凭借创新的思维，不断突破既有模式的束缚，推进着设计不断向前演变。

然而，人无法脱离时代而存在，意识、审美这些看不见摸不着的东西，总是通过物化的形式，在文明的发展史上印刻下痕迹。我们将之搜集、归纳、整理，于表象之后寻找共性，并结集成册，这便成了设计演变的发展史。

2019 年，新世纪即将走完第二个十年，日益扩大的市场需求，催生出一代又一代的设计师，新生的设计力量与设计思维正在不断涌现。将这些新生代设计群体的作品以及所思所想、所烦所恼搜罗归集，成为今天这个专题最原初的出发点。11 个代表性的设计师及设计团体，相对于庞大的新生代设计师群体，只能说是管窥一豹，因此我们并不急于总结与定论，只希望呈现与展示，希望借助这样一次契机，勾勒出一个群体的大致轮廓，沉淀并引发思索。

室内设计早已不是装修、装潢这样的词汇所能涵盖，它更是一个解决现代生活如何映照在空间之中如斯命题的实际方案，以及如何凭借空间的创意改变人们生存状态甚至审美意识的策论。新生代的设计师们，凭借一个个生动的案例，为我们提供了丰富而详实、理想与现实并重的多样性可能，他们的所思所想，从未如此鲜活地成为你我生存之当下的一部分。以此为鉴，希望能够引发更多的思索，启迪更具精神价值的创意。

每个时代都有自己的困惑，新生代设计师也不例外。通过问答的形式，我们将这些困惑加以整理。无论是内省式的探索，还是实务型的功用，都是新生代设计师们正面直视的难题，千人千面，不一而足，无关乎价值与视野的取向，唯有真真确确的呈现，是最真实的记录，是为传播者的重则。

新生代的设计师，是这个时代的缩影，也是当下社会的一面镜子，他们必将成为整个时代的一面旗帜。■

孟凡浩：
用想象创造
不可知的未来

撰　文 ｜ 立夏

孟凡浩

gad·line+ studio 主持建筑师；
国家一级注册建筑师，高级工程师；
南京大学建筑研究所硕士；
浙江大学建筑系设计导师。

长期致力于城市营造和乡村激活双线并行的创作实践，积极探索并思考现有体制与社会发展现状下城市环境改善和乡村激活振兴的可能性，尝试在责任与立场、当代性与本土化、社会性与专业性、文化在地研究与商业价值挖掘之间实现微妙平衡。

近年来多项设计作品获得包括中国建筑学会一等奖、英国 Dezeen Awards 最高奖（中国唯一项目）、意大利 A' Design Award 白金奖（最高奖）、英国 Blueprint Awards、美国 Architecture MasterPrize、意大利 The Plan Award、加拿大 AZURE 杂志 AZ AWARDS、美国 Architizer A+Awards、中国住房城乡建设部田园建筑优秀实例、Archdaily 中国年度十佳在内的国内外一系列重要奖项。并被《Domus》、《Detail》、《THE PLAN》《SPACE》以及《建筑师》、《新建筑》、《中国建筑设计年鉴》、《中国当代青年建筑师》等国内外知名媒体出版物收录发表。受邀参加了韩国首尔第二十六届世界建筑大会展览、2017 深港城市\建筑双城双年展、2018 北京国际设计周、2018 上海设计周等一系列学术交流活动。同时作品也受到中央电视台、凤凰卫视、新华社、《三联生活周刊》、《中国新闻周刊》等大量社会媒体广泛关注与好评。

ID =《室内设计师》

孟 = 孟凡浩

ID 谈下自己的求学与从业的经历。

孟 求学、从业这两个阶段的经历对我影响深远。我师从张雷老师，最大的收获是建筑设计的基本方法和设计策略，以及价值观的树立。设计一定是基于限定条件下的分析、推理进而形成的结果。这也是南大建筑教育中提倡的设计方法——实事求是地从调研开始，围绕解决问题的思路去回应场所环境，最终形成设计中的策略。在生活中，我和张老师也是亦师亦友的关系。毕业之后先到杭州，考察过几个国有大院之后，感觉 gad 这样的民营设计机构的氛围更吸引我。创始人邬晓明、王宇虹先生都是一批有着理想主义情怀的建筑师，他们不是只想做一个商业化的大公司，而是希望紧扣时代旋律和社会热点，把公司做成一个"百年老店"。在 gad 这个平台，各位前辈都是实战中的高手，他们教会我怎样把房子盖得有品质感，如何精细化设计；同时，设计的后续支持也特别给力，结构机电专业的同事水准也都非常高，好的设计也需要高完成度来实现，即便是乡村实践，也需要这种品质感。

ID 哪些设计师对你最有启发？

孟 伟大的建筑师也会分很多类型。彼得·卒姆托，他的作品比较小众，相对而言比较超脱，但是他对材料的细腻使用，对场地的回应，对精神空间的塑造都做到了极致。扎哈的作品具有非常强烈的艺术风格标签：无所畏惧，探索未来。无论是建筑界还是艺术界都深受其审美取向影响。

ID 事务所的定位与工作方式是怎样的？

孟 一家有立场、有态度的设计事务所。我们希望能够密切地融入社会上各个热点领域，并且能做出一些示范甚至推动作用。我们既不是明星事务所，也不是传统设计大院，介乎两者之间，既注重商业逻辑，又重视文化在地性的挖掘。同时，我们也不会对城市、乡村进行明确的划分。我们的工作方式比较扁平化，主持建筑师直接带着年轻设计师一起分组做设计。员工数一直平衡在四十人左右，这是一个相对容易管控、拿捏的人数配比。人员都在管理半径之下，可以保证项目的数量、规模和品质，并且在头脑风暴阶段可以从不同方向做各种尝试。大家对工作的态度都是自我折腾、自我突破，这源于自身提升的期望而不是甲方的要求。

ID 认为设计中最重要的是什么？在设计中，最关注什么？

孟 我认为设计中最重要的是感知力和想象力。通过把敏锐感官的感知积累转换为厚积的经验，在遇到具体项目条件时才能够爆发出无限的想象。通过合理基础上的想象创造出不可知的未来，这才是设计的本质。最关注的是人工与自然的关系。建筑设计需要巧妙平衡人工与自然二者之间的关系。

ID 最近在做些什么项目呢？

孟 通过之前的积累，我们的设计慢慢地进入新阶段，在项目上有了一定的话语权和引导权。伴随着业主层次的提升，我们也渐渐有机会将一些自我反思和批判性思考在实践中予以体现。最近主要在做两类项目：一类是文旅度假项目，另一类是办公园区项目。文旅部分我以帐篷客酒店做个例子。我们由原先追求精致的品质感转向回归自然，同时做了结构上的创新。现代人在钢筋混凝土中生活久了，便认为房子都该是这般坚实冷漠的模样，我们思考着如何能对这种惯性思维产生些不一样的启发。恰巧有位客户他想要以帐篷为 IP，于是我们一拍即合将设计回归帐篷的本质：有一定的临时性并且非常轻盈。本着这个原则，我们在结构设置上都采用了装配式轻型钢结构，屋顶上则使用膜结构，营造出帐篷的质感，但房屋两侧却使用了非常粗野的毛石墙。与以往项目相比，这个项目里"房子"概念已经模糊，进入室内首先是粗犷的洞穴感受，紧接着抬头看到了白色的屋顶，又是非常轻柔的体验。设计过程中我们不曾硬性规定山中就该选择坡屋顶、茅草房、木结构、混凝土……而是选择在如此好的环境中最适合它的那个模样。通过依山就势、因地制宜之后融入了场地环境，使建筑拥有了回归感。整个过程我们尽力平衡"人工化的自然"与"自然化的人工"二者的关系。前者即鬼斧神工的自然景观，后者为巧夺天工的人工景观。办公园区项目与以往传统的办公园区项目存在差别。互联网科技的更迭给人们的工作生活带来了巨大的冲击。技术的变革促使运营管理模式发生了改变，同时建筑空间的使用方式也有了相应的变化。现代人工作与生活的边界日趋模糊，只有公共开放的园区才能承载一个有活力的办公氛围。我们在杭州实现了一个完全开放的总部园区，它犹如一个城市的大公园辐射周边，激活区域。

ID 当下面临的最大困惑是什么？

孟 建筑师该如何实现更强的社会性。我们做了一个东梓关，激活了一个乡村，但我们不可能做遍中国千万个村子。设计永远是一种外力，如何在外力撤出后，依然可持续？最近我们在做一个尝试，贵州龙塘苗寨，由于公路的开通，物料运输日益便捷，村民们用砖头水泥加造卫生间，用铝合金门窗封闭美人靠。从表象看，这像是一种对传统村落风貌的破坏，但实则是他们真实生活需求的体现。我们不能要求他们为了保持吊脚楼的原状而放弃现代生活的舒适体验。如果召集建筑师对每一个村落进行设计改造，那必然是一个浩大的工程，操作性不强。于是，我们通过了解他们的生活方式和个人诉求，挑一栋房子以他们自发改造时差不多的成本做一个示范点进行推广，通过对比引导他们自发地进行美学选择。如果他们认可这个既解决问题又维持造价不变的方案，说不定就会竞相模仿。有策略性地去做一些示范点，且让村民们自发地去从众效仿，继而产生大面积推广，这时建筑师的社会意义便彰显出来了。

ID 谈下对个人以及未来的规划。

孟 立足当下，面向未来。把手头的事情做好，针对自己感兴趣的点做一些研究，继而通过实践予以检验，希望能在日新月异的时代中突破传统设计师边界，而不是沉溺于做重复的设计工作。现在的建筑师身份与过去相比已有变化，更像一个导演、组织者、资源整合者，连接上下游产业链。资源有效整合之后，再完成自己最擅长的部分使项目效益最大化，便是我当下及未来对自己的要求。

ID 除了设计，还会有些什么兴趣爱好？

孟 工作占据了我绝大部分时间，闲暇之余我会带着家人周游世界、旅行体验。一方面算是对平时陪伴时间不足的一种补偿；另一方面，旅行过程中的各种体验：美食、探险、极限运动……都在不断开阔自己视野，影响着自己的设计观。**END**

飞蔦集 · 松阳陈家铺
STRAY BIRDS ART HOTEL ▪ SONGYANG CHENJIAPU

摄 影	杨光坤、存在建筑·苏哲维、史佳鑫
资料提供	gad · line+ studio

地 点	丽水市松阳县陈家铺村
设计单位	gad · line+ studio
主持建筑师	孟凡浩
设计团队	徐天驹
业 主	松阳蕾拉私旅文化创意有限公司
结构配合/施工	杭州中普建筑科技有限公司
室内设计	上海玮奕空间设计有限公司
室内施工	上海成共建设装饰工程有限公司
结 构	装配式薄壁轻钢结构
材 料	夯土、毛石、轻质混凝土、竹木外墙板、玻璃、铝板
建筑面积	300m²
竣工时间	2018年

1　悬挑的玻璃体量
2　山景
3　总平面
4　分析图

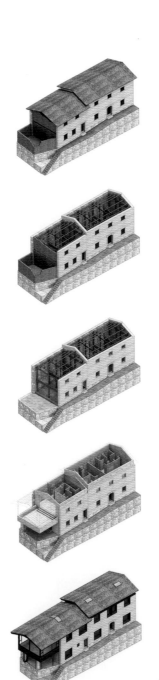

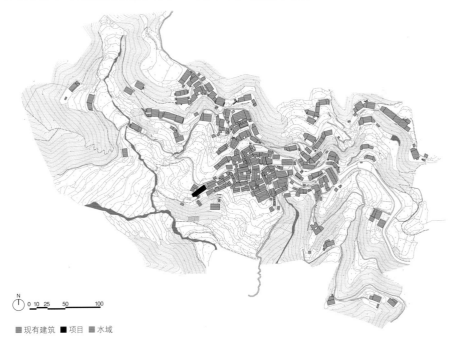

■现有建筑　■项目　■水域

N　0 10 25　50　　100

　　项目位于浙西南山区自然村落，设计师的任务是对位于村落西南侧的两栋传统民居进行改造，在保护传统聚落风貌的同时，满足现在精品民宿酒店的使用功能和空间品质要求。场地地形陡峭复杂，施工作业条件苛刻。

　　在整个设计建造过程中，设计遵循两条平行的路径：一是对松阳民居聚落的乡土建构体系展开研究，梳理与当地自然资源、气候环境、复杂地形、生产与生活方式及文化特征相适应的空间型制和稳定的建造特征，为保护传统聚落风貌提供设计依据；二是运用轻钢结构体系和装配式建

造技术，植入新的建筑使用功能，适应严苛的现场作业环境，满足紧迫的施工建造周期，同时提供较好的建筑物理性能。

　　传统历史文化村落保护的目的是为了其更好的发展，风貌严格控制的背后仍然需要满足新业态的功能，在本次乡村改造中尝试将传统手工技艺与工业化预制装配相结合，轻钢结构在建筑内部为现代使用空间搭建了轻盈骨架，而传统夯土墙则在外围包裹了一层尊重当地风貌的厚实外衣。同时就地取材，对旧材料加以回收再利用，实现"新与旧、重与轻、实与虚"的对立统一。■

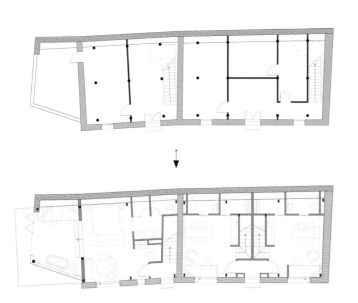

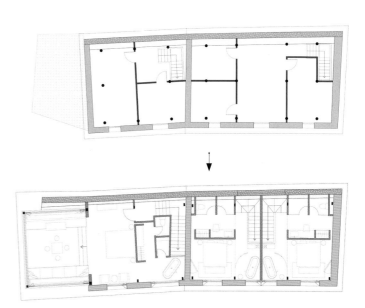

| 1 | 3 |
| 2 | |

1　开放的浴缸，可以透过落地窗欣赏自然风景（摄影：史佳鑫）

2　1号楼一层房间

3　床顶部的屋面加设天窗（摄影：存在建筑）

西溪首座绿色办公园区
XIXI GREEN OFFICE COMPLEX

摄　　影	姚力、黄金荣

地　　点	杭州市西湖区文一路崇仁路口
设计单位	gad
业　　主	中国节能集团浙江公司
建筑面积	地上148156m²、地下100000m²
项目总监	张微
项目主创	孟凡浩
建筑设计	解磊、朱明松、朱敏、孙涛、缪纯乐、唐燕、赵亮
结构设计	胡达敏、张治宇、李小玲、刘斌、钱路曦、彭智、郭峻、王昕、卢哲刚
设备设计	吴文坚、戚乙、陆柏庆、张斌、孙博、胡挺、陈飞燕、唐勇辉、单金龙、 沈锋强、李金牛、刘传谱、杨宏峰
幕墙顾问	上海伊杜
设计时间	2012年9月
竣工时间	2018年6月

1 外立面
2 剖面图

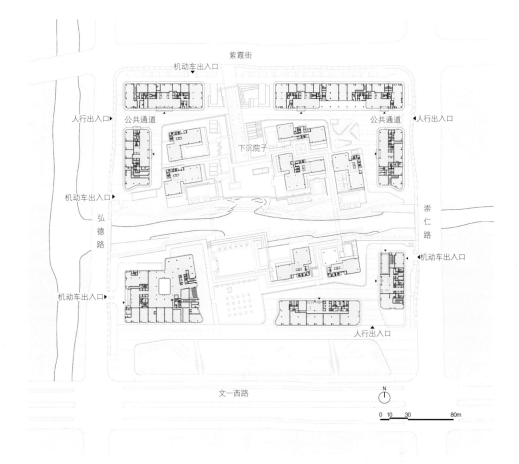

I	3
2	4
	5

I 大曲面幕墙

2 采用淡灰与雅白的主色调

3 平面图

4 分析图

5 入口

基地资源

围合边界

内部点阵

坐标旋转

项目紧邻国家级湿地公园，设计借中心十字景观带，以四个 L 形板楼围合场地，内部小体量以点阵状散布，强调高端办公园区的场所感和景观效应的最大化。立面通过二维水平肌理实现了 L 形板楼的三维不规则塑形形体，入口采用大胯空腹钢桁架体系，转角异形处适度简化构件，协调内外统一。建筑整体兼具地标性和开放性的双重特质，并延续杭城温润雅致的独有形象，试图打造"公共立体的湿地花园"。

项目的建成，最让我们获得成就感的，不是营造出具有冲击力的建筑视觉形象，而是说服了园区业主，在建筑投入使用后采用开放式管理。公共性的实现给园区带来了生机和活力，遛狗遛娃这些生活场景的悄然融入，模糊了工作与生活的边界。在此设计中，探索了以塑造优质的城市空间形态为责任，把商业逻辑的贯彻作为出发点，以当代性与本土化的结合为立场的设计思路，抛弃以风格作为切入点的常规，打破先验的设定，逐步解决苛刻的限定问题。END

1　南北向的城市公共绿轴

2　外部板楼底层为商业店铺

3　内部采用大空间办公布局形式

范久江：
空间的自明

撰　文 | 立夏

范久江

久舍营造工作室创始人 / 主持建筑师

曾获 "Domus 创意青年 100+" 称号；

现担任上海交通大学建筑学院客座讲师；

曾担任中国美术学院建筑艺术学院

及东南大学建筑学院研究生院客座评图导师；

并受邀成为江苏省城乡规划设计院特聘设计师。

1983 年 1 月出生。

2001 年－2006 年就读于东南大学建筑学院获得建筑学学士学位；

2006 年－2010 年就读于中国美术学院建筑艺术学院，

导师为王澍教授，获得设计艺术学硕士学位；

2010 年开始就读于同济大学建筑学院，导师为莫天伟教授，2012 年肄业；

2011 年－2015 年工作于 GOA 大象设计有限公司（原绿城东方建筑设计有限公司）；

2015 年 3 月创立久舍营造工作室。

ID =《室内设计师》

范 = 范久江

ID 谈下自己的求学与从业的经历。

范 我在东南大学建筑学院、中国美术学院建筑艺术系分别接受了建筑学的本科和研究生教育。之后在同济大学建筑学院攻读了一年建筑学博士后退学，开始实践工作。从 2011 年开始在 GOA 大象设计做了四年职业建筑师，参与了一系列办公、度假、景观类建筑的全设计过程，并在 2015 年成立久舍营造工作室，开始独立建筑师的生涯。

ID 最喜欢，对自己影响最大的设计师有哪些？哪些对你最有启发？

范 各个阶段都有一些建筑师的作品及思考给我带来了启发与反思，这其中，我的硕士研究生导师王澍教授和瑞士建筑师卒姆托对我的影响最大。王澍教授帮助我进入本土营造的观念思考语境；而卒姆托的工作又让我对于如何通过建造活动创造空间氛围这件事产生浓厚的兴趣与深层次的思考。

ID 事务所的定位是什么？工作方式是怎样的？

范 久舍营造工作室将自己定位为一个集空间生产和知识生产于一体的设计研究机构。每一个项目，我们都会从基地的深入研究，对习以为常的一些概念进行反思讨论开始，思考空间发生机制和场地的可能性。并将这种新的可能性以空间、光影、结构、材料、构造等建筑学层面的操作进行物化。

ID 认为设计中最重要的是什么？在设计中，最关注什么？

范 我认为设计中最重要的是空间的自明性，即这个空间是否能将设计者的思考和意图直接传达给使用者或体验者。也正因如此，我们在设计中最关注设计语言的精确性。这种设计语言是多维度的，弥漫在设计的各个角度与层面。

ID 最近在做些什么项目？请介绍一下。这些项目与以往相比，会有些什么新的探索与想法。

范 正在进行中的有云南红河撒玛坝梯田文化中心和舟山的两个非常小的度假单体建筑。云南这个项目我们将建筑以装置的状态与场地结合，让建筑空间与流线的组织本身产生地方性文化的关照与隐喻。舟山的小建筑设计，我们则从当代度假需求与乡村建筑尺度的关系入手，讨论地方与地形、尺度与构造以及公共与私密的一些问题。这些其实与我们之前的项目相比，思考推演的方法是一以贯之的，但由于功能类型、场地风貌等差异，得到的空间形态是独特的、全新的。

ID 当下面临的最大困惑是什么？打算如何解决？

范 最大的困惑是项目完成度的把控。造价、施工单位、业主意识等因素以及建筑师在整个建造活动中的话语地位，都极大地影响着项目设计到建成的完成度。从某种程度上说，我们能做的很有限，只有从话语权提高的层面努力，以期待相匹配的业主、施工等层面的提升。

ID 谈下对个人以及未来的规划。

范 做好手上的项目，尽力控制现在项目的完成度。保持现有的团队规模，加强自我学习与团队建设。

ID 除了设计，还会有些什么兴趣爱好？

范 阅读、摄影、观察人。 END

| 1 | 3 |
| 2 | |

1　建筑侧立面（摄影：赵奕龙）

2　鸟瞰（摄影：赵奕龙）

3　建筑正立面（摄影：赵奕龙）

　　鱼乐山房坐落于临安太湖源溪边，被省道和山坡围合的小块山间平地上，场地高于省道近3m，有台阶从省道边直接冲上场地，沿高差处有分散的木廊道。之前主体为4层高的巨大仿古建筑，内设30间客房。业主希望减少客房数量，提升居住的空间体验。

　　设计从场地出发，重新组织溪水、省道、院落和建筑之间的关系，创造有叙事感的空间序列。将分散的廊道整合成为一个近30m长的厚度界面，这个界面的两端同时还容纳了一个接待室和一个长亭，将外部省道的嘈杂喧闹有效地隔绝，内部独立的空间氛围也得以营造。从省道进入大堂的流线被拉长，多次转折以获得更多的时空距离与多角度的前导景观序列。这个江南园林般的隐秘入口强化了内部世界的宁静与避世感。

　　主体建筑正面的场地内院设置为浅倒影池，并由水边两侧连续的廊道与石块片墙围合，从主体建筑正面的檐下空间出来，在廊道中无法看见主体建筑的全貌。只有走到端头的篝火平台上回看，才能看到完整的主体建筑立面。四层楼的高大尺度也因为水面隔开的距离而显得与背后的山体轮廓更和谐。动态活动区设置在廊外侧的山脚台地之上，烧烤区和温泉区由下及上分布在多个台地中。这样动静分区，使正对水面的客房拥有了静谧的山居体验，不大的场地也因水面反射天空而被无限扩展。

　　原主体建筑的5开间由原来5个客房并为3个，并在立面出挑阳台的界面厚度，每间客房都拥有了与自然无界呼吸的外部空间。阳台外部局部的细密格栅让山景经过过滤，限定了山水景观摄取的视界，也强化了客房私密性。另外，我们还将原建筑立面的传统花格门窗扇进行搜集、测绘、整理登记，并在沿溪客房外部立面拼贴成带有历史并置感的新表皮，在夜晚投射出温暖而有记忆感的光影。END

1	3
2	4

1　茶室入口内部流线（摄影：赵奕龙）

2　茶室长廊立面（摄影：赵奕龙）

3　一层平面

4　建筑侧立面局部（摄影：赵奕龙）

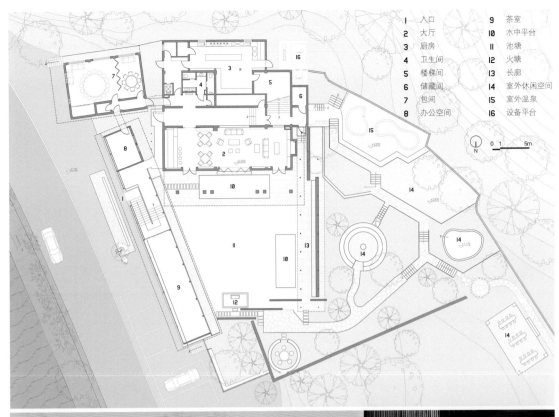

1	入口	9	茶室
2	大厅	10	水中平台
3	厨房	11	池塘
4	卫生间	12	火塘
5	楼梯间	13	长廊
6	储藏间	14	室外休闲空间
7	包间	15	室外温泉
8	办公空间	16	设备平台

N 0 1 5m

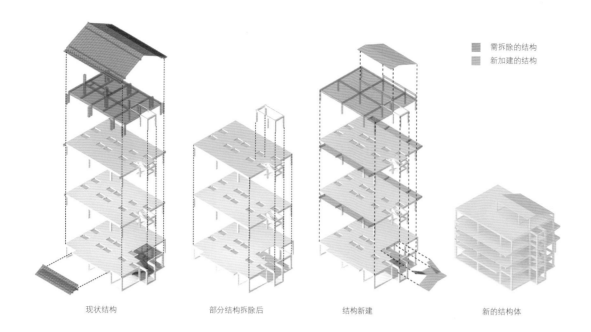

需拆除的结构
新加建的结构

现状结构   部分结构拆除后   结构新建   新的结构体

1		4
2	3	5

1   结构拆改分析
2   客房天窗（摄影：王诗雯）
3   客房内部楼梯（摄影：王诗雯）
4   客房（摄影：赵奕龙）
5   室内（摄影：赵奕龙）

反几建筑：
举一而反几

撰文 ｜ 秋分

反几建筑设计事务所

怀抱着对设计的热忱和向前辈及伙伴们学习的态度，反几（FANAF）以新锐设计事务所的姿态专注于每一个项目。事务所的设计内容涵盖建筑、室内、景观、家具等各专业，并以老建筑改造为主要设计方向，长期关注着城乡空间更新与实地建造活动。

团队以"举一反几，创造更多可能性"为理念，进行了各种多元化建筑和改造类空间的尝试，并在全国范围内完成多个建筑、室内、景观等各设计方向的项目。

事务所的设计作品曾获 2018 年红点室内设计大奖（柏林）、2018 年 IDA 国际设计大奖（美国）、2018 国际 IF 设计大奖（德国）、2017 亚太区 APID 室内设计大奖（香港）、2017 国际 IIDA 室内设计年度大奖（美国）、2016 年美国室内设计协会金外滩奖（美国）、2016-2017 两届艾鼎奖及金堂奖国际设计大奖等多项大奖；并发表于东方卫视生活改造家、Domus 国际中文版、ArchDaily 中文及英文版 2018 年度十大建筑、ID+C、谷德网、有方建筑等媒体及杂志。事务所联合创始人金鑫荣获"Domus 创意青年 100+"和"中国室内设计杰出青年设计师"称号。

ID =《室内设计师》
金 = 金鑫
张 = 张宁
万 = 万军杰
王 = 王丽婕
高 = 高璐

ID 谈下自己的求学与从业的经历。

金 我们五个人各自经历都不太一样，但目前都在经历跨界、转行和重新学习的过程。合伙人如我、张宁、万军杰是建筑学专业，现在慢慢渗透室内；王丽婕也在从环境艺术方向，接触建筑、软装与景观。

万 我完成南京大学的学业后，在傅筱老师的工作室待了大概四年时间，这段求学和工作对我的设计方法有了一个完整扎实的训练，这些都为能够独立设计打下了基础。

王 美院毕业后，我有幸在老师的工作室学习工作了几年，接触了部分建筑和室内空间项目，收敛了上学时期天马行空的想象，关注点放到了毫米之间的实际项目上。

ID 最喜欢，对自己影响最大的设计师有哪些？哪些对你最有启发？

金 不太会有"最"这个词，会分不同时期，受不同大师的影响。由于三个合伙人的教育、工作背景，受张雷、赵辰、周凌、傅筱等老师影响深刻，事务所基本还是在ETH主导的建构体系中。王丽婕的加入，让事务所又增加了很多原生艺术的视角。

万 目前最喜欢的是西班牙建筑设计事务所RCR，他们处理建筑与自然关系的方式，对于设计本身的思考，包括三位搭档之间的默契合作模式对我都很有启发。

王 很多，分阶段的。比如刚毕业很荣幸也很庆幸跟着老师们工作，从专业到生活艺术学到了很多，受陈顺安等老师影响是很大的，一直影响至今。

张 记得本科四年级的时候去张雷事务所实习，张雷老师教会了一个迷茫的本科生如何按比例开窗这样的小事。从此数学之美徐徐展开，得以窥视大师的秘密。

高 很感谢张雷老师，他很关心并且很支持我们年轻一辈的成长。也让我认识到只有对自己的专业抱有热忱、勤勉学习才能不断进步。

ID 事务所的定位是什么？工作方式是怎样的？

金 "反几"是指"举一反几"的设计态度。在对待新建及改建项目（包括建筑与室内）的时候，除了建筑、室内、景观专业性以外，还希望增加一些其他的思考维度。比如时间维度、历史文化、心理感受、运动尺度等。事务所合伙人既各自独立，又协同合作；彼此风格鲜明，亦相互学习。

高 专业之外的我们是相当佛系的团队，所以就是脚踏实地做好每一个项目。

ID 认为设计中最重要的是什么？在设计中，最关注什么？

金 依然不太会有"最"这个说法。在一次建造过程中，和谐处理建筑、室内、环境、人，甚至与历史的关系，会是我们关注的重点。叠加的元素越多，越需要克制的设计，也需要非常专业的基础知识背景，来指导项目沟通与设计落地。因此，建造与材料的真实性，会是我们的基本设计原则，"专业性"依然是事务所所坚持的。

万 我认为设计的本质是处理人与这个世界的关系，包括人与自己的关系；在项目中，我关注最多的是处理室内外的关系。

王 我觉得最重要的应该是使用者的感受吧，这个也是我近期最关注的地方，因为方案做完之后，总会被拿来使用的，而不是一件摆设。

张 比较关注空间逻辑和尺度，以及材料和建造的真实性。

ID 最近在做些什么项目？请介绍一下。这些项目与以往相比，会有些什么新的探索与想法。

金 事务所项目会涵盖很多类型：溧水钢铁厂历史街区规划建筑设计，江阴南门河历史街区规划改造，南京长江大桥桥头堡室内改造，东南大学建筑学院前工院改造，钱币博物馆改造，乡建，民宿，以及先声药业会所、办公的等室内项目。

事务所每一个项目，都会是一次多领域的尝试。希望结合运营、规划、建筑、景观设计一体化对待商业性建筑街区规划设计；希望通过建筑、室内、景观模糊边界，交汇融合来对待单一的建筑或者室内项目；希望沿革建造历史，立足当代设计，用批判的思维对待老建筑改造项目。

每次尝试其实对于我们都是一次探索与学习，一方面希望能够建立与城市、环境、时间、人之间的对话，另一方面也希望能模糊设计的边界，用更开放、轻松的心态面对设计。

万 手上正在做的一个是东南大学前工院的改造项目，因为项目的甲方实际上是我们的老师和前辈，希望在专业上能向他们学习和碰撞；另外有意思的项目是太原的一个画廊，我希望能把它做成一种极端封闭的状态，从另一种角度探索室内外关系的可能。

王 最近接近尾声的有个会所的项目，在这个项目里用到了以往不常用的硬装材料，以及到软装的落地都在参与。感悟和学习颇多，虽然繁琐但是极具挑战。

张 最近在做一个长春的私人住宅和酒店项目。以前较少涉及与人的生活如此贴近的项目，会更多地思考人的心理和行为，以及对各种不同材料的研究。

ID 当下面临的最大困惑是什么？打算如何解决？

金 接触的外延越大，越觉得自身知识的贫乏。只有通过不断实践，不断总结来解决。

王 从最开始跑项目现场，是和钢筋水泥打交道；后来再到室内项目跑现场，是和基层板以及各种饰面打交道；再到现在因为某些原因又和软装各种颜色质感的布料打交道。发现面对的材料硬度是越来越软，但是材料的触感是离人越来越近了，搭配质感和氛围营造成了难点。解决方法目前想到的就是拓宽自己的兴趣点，多学习。

高 从运营的角度来说面临最大的困惑应该是如何平衡市场与专业追求两者之间的关系。但这几年做下来，我认为这两者是相辅相成的，还是踏实做好设计为先。

ID 谈下对个人以及未来的规划。

金 第一个五年中，事务所还是会接触各种类型的项目，学习研究设计的落地性。未来的时间，会慢慢选择一些感兴趣的类型，比如酒店、博物馆、学校，做深入，做专业。

万 希望在项目类型上，设计理念及设计方法上可以不断做新的尝试和探索。

王 规划谈不上了，只能说是认真对待每个项目，保持对美好事物热忱的态度。

张 尽力做好每一个项目，力所能及地设计每个细小的地方。

高 与团队一同成长，对工作和生活都抱有热忱就好。

ID 除了设计，还会有些什么兴趣爱好？

万 手上正在做一些家具设计，希望这些家具能和我们做的建筑、室内形成一种整体的关系。

王 陶艺，古琴（最近太忙只能搁浅了，闲暇时会捡起来），遛汪，发呆。

张 算不上什么爱好，偶尔看看侦探小说，听听音乐，以及看看各类触及人性的作品。

高 偶尔自娱自乐当个小木匠，一直都是称职的铲屎官。

江南造币博物馆
JIANGNAN MINT MUSEUM

撰　文 ｜ 杨侃（南京大学建筑学博士）、万军杰
摄　影 ｜ ingallery金啸文、赵奕龙

地　　点 ｜ 南京国家领军人才创意产业园8号楼
改造设计 ｜ 反几建筑
设计团队 ｜ 万军杰、金鑫、章振东、张旭、李崇昊、周敏
项目运营 ｜ 高璐、金鑫
历史资料 ｜ 反几建筑、杨侃（南京大学建筑学博士）
模型锻造 ｜ 南京峰尚雕塑艺术有限公司
铸造厂家 ｜ 南京神匠环境艺术有限公司
软装配合 ｜ 反几建筑、南京金基集团董办、设计部
金工指导 ｜ 王克震
业主单位 ｜ 南京金基集团
室内面积 ｜ 150m²
设计周期 ｜ 2017年7月~12月
施工周期 ｜ 2017年12月~2018年8月

```
I | 2 3
  |   4
```

I 拱券设计手法充分呈现出"砖拱吊车梁"工业结构的建构之美

2.3 历史图片

4 剖透视

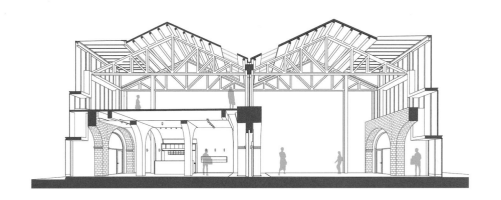

1896年2月，两江总督刘坤一上奏清廷在江宁省城（今南京）筹建"江南铸造银元制钱总局"。

1897年10月，选址于西水关云台闸南岸的江南铸造银元制钱总局厂房建成，开铸银元。

1897年~1908年，造币厂几经扩建，占地121亩（约74334m²），工人千余，形成较大规模。

1913年，中华民国成立后，造币厂改名为"中华民国财政部江南造币厂"，并铸中华民国开国纪念币。

1929年6月，造币厂遭遇大火，厂房焚毁过半，造币厂结束铸币使命，剩余设备迁往上海造币厂。

此后，中华民国工商部利用造币厂厂房、筹备"度量衡制造所第二厂"，生产度量衡设备；解放后，原有度量衡制造厂先后更名为"南京第一机械厂"和"南京第二机床厂"，生产圆柱齿轮机床。2011年，南京第二机床厂搬离城区，原有厂区、厂房经改造后挂牌"国家领军人才创业园"，成为文化创意产业园。但此时，除了园区内的两株百年历史的银杏树外，已经找不到任何原有江南造币厂历史遗存。

2017年年中，反几建筑设计事务所接受金基集团对于江南造币博物馆的设计任务，项目选址是园区（国家领军人才创业园）八号楼中的一部分，里面保留着1950年代第二机床厂所建厂房的青砖墙，连续的砖墙拱券形成了很强的韵律，厚重的墙体与深色的青砖展现了强烈的历史感。

在2012年~2013年，原有旧厂房经过一次建筑改造，老厂房被植入了混凝土框架和钢框架结构，室内空间由原有厂房的大空间变更为适宜办公的小空间，所以本次设计前的现场的情况是：最外层的围护结构是1950年代的厂房青砖墙，内部是2012年前后植入的混凝土和钢框架结构。本次设计新植入的部分仅作为空间分隔并不承担结构承重，所以在材料选择上

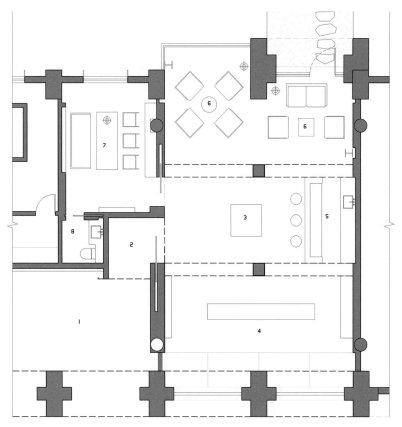

1	外廊
2	门厅
3	复原模型
4	钱币展厅
5	接待台
6	茶饮区
7	会客室
8	卫生间

0   1   3   5

| 1 | 3 |
| 2 | 4 |

1   平面图
2   博物馆内部设置的"拱"形要素将空间划分为三部分
3.4 博物馆内部概览

尽量选择材质本身属性较弱的材料。在同一个空间中，我们将不同时期的构造物一并展示出来并通过对比强化它们的差别，但又由于采用了圆拱的形式将其统一起来，各种不同时期的材料并置在一起，并不显得违和。

场地内可供使用室内面积不足 150m²，在原有的空间内，南北墙面各有两个青砖拱券，设计通过植入两组新的拱券，在平面功能上划分了接待区、展厅、开放茶饮区三个功能空间，在空间上强化了拱券的韵律节奏。新植入的拱券使用了浅色、整体饰面的灰泥，与原有深色的、粗糙的青砖拱券形成对比。

根据业主要求，新建的博物馆除了展示江南造币厂各个时期所铸钱币和相关历史之外，还需要承担作为企业客厅的接待功能，所以博物馆最终呈现的氛围上少了一些传统博物馆的说教意味，更多的是厚重的历史氛围与轻松的生活化场景的混合。

拱券作为一种设计手法在近些年建筑或室内项目中经常被使用到，已然成为了一种流行的手法。我们虽排斥纯粹的流行手法，但是由于本项目场地中旧有拱券的存在，新植入的部分采用了拱券的形式，可更好地与旧有拱券形成一种完整而又清晰的关系，拱券在这里是一种合适的选择。

通过设计前期对江南造币厂历史的梳理，以及在设计中采用对不同时期材料并置的处理方式，我们希望能唤起观者对时间流逝的关注和对过往历史的敬意。END

| 1 | 2 3 |
| | 4 |

1　总部办公区

2　整体分为南北两区，北区东侧为博物馆区域

3　拱券形成的临窗休息区域

4　整个南区为办公区域，包括通高门厅与开放办公区

徐家院文旅民宿
FAMILY XU HOSTEL

| 摄　　影 | ZOOM琢墨建筑摄影 |
| 资料提供 | 反几建筑设计事务所 |

地　　点	南京江宁区谷里街道徐家院村
建筑设计	南京大学周凌工作室
室内设计	反几建筑设计事务所
设计团队	张宁、王丽婕、赵嘉琦、金鑫
设计指导	周凌
室内面积	2200m²
业主单位	南京香草谷旅游开发有限公司
民宿运营	徐家院·若谷精品民宿
设计周期	2018年3月~2018年6月
施工周期	2018年7月~2018年12月

1 设计师通过不露痕迹的手法，展现了质朴的当代乡土风格

2 民宿全景

3 平面图

4 以现代的手法，演绎当地特色的材质，例如青砖、松木、杉木、石材、稻草漆

塘

N

1 前台接待
2 大堂吧
3 会议室
4 吧台
5 餐厅
6 小包间
7 大包间
8 厨房
9 标准双床房 a
10 标准双床房 b
11 休息厅
12 套房
13 游泳池

徐家院文旅民宿位于南京市江宁区谷里街道徐家院村。2017年上半年，江苏省启动了特色田园乡村建设工作，徐家院村作为南京市江宁区（全省唯一区级示范区）推荐的四个示范村之一，入选第一批田园示范村名单。

徐家院文旅民宿总建筑面积约为2200m²，由7栋1-2层的不同功能的建筑围合而成，主要功能分为接待大堂、餐厅、四栋标准客房和一栋别墅套房。

徐家院文旅民宿的建筑和景观由南京大学建筑学院周凌教授设计。在深入调研了当地情况，以恢复乡村活力，弥补乡村缺陷为出发点，以新的功能植入，带来人流的聚集和活动，并以一些传统的青砖、木质门窗等元素，进行风格逆向修复，进而形成统一的乡村和谐风貌。

由于乡村建设的特殊性，业主以及建筑、景观和室内施工配合均为当地居民。所以在室内设计时，反几建筑设计团队充分考虑了在地性的特点，以施工队伍擅长的营造手法为主，材料的选择适合当地特色的材质例如青砖、松木、杉木、石材、稻草漆。最终，设计师通过不露痕迹的手法，展现了质朴、不浮华却又不失温馨和现代的当代乡土风格。

1 编织的灯罩丰富了照明的层次

2 白墙青砖，配上温暖的木色，展现出温馨的乡村风貌

3 简洁的室内装饰，符合当地施工队伍擅长的营造手法

1 | 3
2 | 4

1　天然的原木材质，串联起客房的一切

2　保留了屋顶的结构，客房的卧室也充满了田园气
　　息，同时借势安置了开放式的楼梯，通向阁楼

3　阁楼的区域，可用作多样的功能

4　简洁的空间装饰，却满足了所有生活所需

度向建筑：
设计也是
一种话语权

撰　文 ｜ 立夏

度向建筑

度向建筑（MONOARCHI）是一家活跃于设计领域的建筑设计事务所，公司创始于荷兰鹿特丹。度向建筑的合伙人均有多年海外的工作经历，丰富的设计实践使度向具有国际化的视野和敏锐的设计感知力，并以之致力于中国的公共建筑及城市设计领域。在度向建筑的设计实践中，简单的逻辑是思考淬炼的方式，设计最终达成的丰富生活是度向坚持的设计理想。

宋小超 联合创始人

荷兰贝尔拉格建筑学院（Berlage Institute）获建筑及城市设计硕士学位，重庆大学建筑城规学院获工学学士学位．历经国企设计院，外资公司和个人工作室等各种性质和氛围的设计机构，作品曾获得第四届上海国际青年建筑师展览三等奖，第一届和第二届北京太阳能建筑设计竞赛优秀奖。后赴荷兰留学，留荷期间曾先后工作于MVRDV 事务所、FABRICations 事务所，并与多位国际建筑师合作开展设计及研究，代表作有挪威 DNB 银行总部、泰国苏梅岛生态度假酒店、大理边界酒店、杭州崇文学校万科校区等。回国后共同创立度向建筑（MONOARCHI）。在建筑实践的同时，也热心于建筑设计的教育工作，为同济大学建筑学院趣村夏木塘建造大赛的客座讲师。

王克明 联合创始人

荷兰贝尔拉格建筑学院（Berlage Institute）获建筑及城市设计硕士学位，沈阳建筑大学获建筑学学士学位。曾就职于众多国际知名事务所，如荷兰 MVRDV 建筑事务所、奥地利维也纳蓝天组建筑事务所COOP HIMMELBLAU、澳大利亚 BAU 建筑事物所，具有丰富的国际及国内建筑设计经验，代表作有挪威 DNB 银行总部、大连国际会议中心、韩国首尔龙山商务中心、上海前滩基督教堂、上海赵巷商业中心、青浦农业展览馆等。回国后共同创立度向建筑。在建筑实践的同时，也热心于建筑设计的教育工作，现为上海同济大学设计与创意学院及宁波诺丁汉大学建筑学院的客座讲师。

ID =《室内设计师》

度 = 度向建筑（MONOARCHI）

ID 谈下自己的求学与从业的经历。

度 最重要的是在欧洲留学与工作的经历，当时正是"超级荷兰"（super dutch）设计潮流的巅峰，有幸在荷兰接受新浪潮的建筑教育：建筑不仅是功能与形式的美学结合，而且根据项目特色具有不同的社会属性，建筑不再是孤立的个体，作为建筑师应该更多地考虑建筑或空间对人和周边环境的影响与互动。我们先后又在 MVRDV 与 Coop Himmelblau 工作，欧洲建筑事务所平等开放的工作环境能够激发设计师的所有能量与潜力，我们也将这种创意基因注入在我们的事务所之中。建筑设计是一门有关于空间体验的学科，而欧洲本身就是一部跨越了 3000 年的建筑历史词典，在学习与工作之余我们游历散布在欧洲各国的古今建筑，亦是形成我们自己设计语言的一个重要支撑。

ID 最喜欢，对自己影响最大的设计师有哪些？哪些对你最有启发？

度 在我们的设计中，很多建筑师作品都为我们带来了设计上的帮助——既有活跃在当今建筑设计界的明星建筑师们，也有现代建筑设计的开山鼻祖，而诸如 Etienne-Louis Boullee、Andrea Palladio 等古典主义建筑师也在我们的名单上占有重要的一席，并且我们用照片记录下了所有有趣的事物也构成了我们灵感的主要来源。在这份长名单中对我们影响最深刻的就是荷兰贝尔格拉格建筑学院时期的老师 Elia Zenghelis，在 Elia 的教学之中我们体会到建筑设计应该超越形态和流派，是建筑师对某种现象或问题的解读。

ID 事务所的定位是什么？工作方式是怎样的？

度 事务所的定位是创意型的设计公司，一直维持在十人以下的设计团队。事务所内部没有层级和等级划分，我们认为平等开放的工作环境，是团队协作的关键也是创意与灵感的核心土壤。

ID 你认为设计中最重要的是什么？在设计中，最关注什么？

度 设计对我们而言就是用简单的方式创造有趣的空间，我们常把建筑设计比作游戏而建筑师就是游戏规则的制定者。在设计的过程中以建筑师的观念实现业主、使用人群多方不同的价值，而事务所英文部分 MONOARCHI 谐音 monarchy(专制的)一词，也是在表达我们在设计上的态度：设计也是一种话语权，负责创造崭新的生活体验。

ID 最近在做些什么项目？请介绍一下。这些项目与以往相比，会有些什么新的探索与想法。

度 除民宿与办公室改造的项目外，事务所还有学校类公共建筑项目与上海老城区的更新改造，我们更加关注城市的发展与变化，中国的城市经历了疯狂的量变后需要反思城市空间的品质，通过参与城市的建设与改造，以我们的设计创造出令人愉悦的市民空间，也是履行建筑师的责任。

ID 当下面临的最大困惑是什么？打算如何解决？

度 业主对设计的非专业性干涉，通常遇到这类业主我们就会放弃项目。当然每个项目面对的最大困扰就是施工环节，经常会因为施工质量遭遇不期而遇的现场问题，最好的解决方式就是精准的图纸与频繁的施工现场沟通，设计不仅局限在办公室中做创作，与工人师傅的沟通交流也是设计中的重要环节。

ID 谈下对个人以及未来的规划。

度 对于事务所的发展我们希望一直坚守我们的设计理念，事务所的两位合伙人除了是职业建筑师外，同时也在大学中授课建筑设计，我们更加希望能将我们对建筑设计的态度和激情传递给更年轻的设计师们。

ID 除了设计，还会有些什么兴趣爱好？

度 两位合伙人共同爱好就是游历建筑听音乐看电影，累积对空间的观感和人文的感悟。个人爱好上则是一静一动互补：静的如宋小超看书打球溜娃，动的则是王克明踢球滑雪玩吉他。END

度向建筑办公室
MONOARCHI SHANGHAI OFFICE

摄　　影	邱日培、宋肖澹
资料提供	度向建筑
地　　点	上海
设计公司	度向建筑
设计负责人	宋小超、王克明
建筑面积	90m²
业主单位	度向建筑
主要材料	OSB、钢筋、清水混凝土
设计时间	2017年12月~2018年2月
竣工时间	2018年5月

```
  |   2 4
  |   3
  I
```

I 室内空间拱形的形式处理，成为整个办公室的标志，是设计师对老法租界的一种致敬

2 办公室坐落在拥有不列颠和西班牙异域风情的建国西路原法租界历史风貌区中

3.4 出于对老宅的喜爱和尊敬，设计师决定对原有建筑的室外和室内结构不做任何破坏与
改变，尽可能保留住历史的厚重感

度向建筑是坐落在上海的年轻建筑设计公司。办公室位于建国西路原上海法租界的核心位置，原始的社区的建筑设计参照了当时的不列颠与西班牙的异域风情。虽然岁月漂洗并几经人为摧残，在上海喧嚣市中心仍旧保留一份宁静，此社区作为上海历史发展的一个重要见证，已被列为历史保护建筑群。社区内部以住宅区为主，因为作为建筑师的我们偏好在有故事的场所中办公，所以于2018年迁入至此并根据建筑设计公司的工作需求进行了改造。

度向建筑的办公室位于小区内部一栋三层独立洋房的首层中，建筑面积约100m²。整幢建筑最早为一个家庭所有，但因特定历史原因产权被分割，目前一层居民与二、三层的居民共享一个30m²的独立院子。出于对这座老宅的喜爱和尊敬，我们在最初接触这栋房子的时候就决定了对原有的建筑室外和室内的结构格局不做任何的破坏与改变，尽可能地保留住历史的这份厚重感。

我们需要在这小型空间创造出8人的工作空间以及与建筑相关的展示空间。我们第一步是精简，剔除居住功能；第二步是复合，我们在主要办公区的中部植入展览空间，以满足不定期小型展览的需求；通往会议室的过道加宽形成为评图区域；会议室与小型图书馆混为一室；原有卫生间和淋浴的隔墙被打开，转换为模型室、材料室和打印室，这三者与厨房用餐空间连通，模型室的桌面和厨房台面等高，使两者可以互相扩展。

我们在室内空间的形式处理上采用了拱形，这一方面是对本街区内上海老法租界最具特色的拱廊和拱门的一种致敬。另一方面，拱形也对原有建筑格局进行了包裹和保护；不同尺度的拱形界定出了不同的空间，大拱顶的工作空间、半拱顶的会议室，以及不同功能空间之间作为过渡的小型拱廊，比如评图廊道，以及另两个拱形过廊。再者，拱形的形式特点使得在人头顶之上的空间被巧妙利用，开发了更多的储藏空间和多用途空间。

在材料的选择上我们关注的是材料对空间的塑造能力和对空间的复合利用能力。黑色螺纹钢的可塑性勾勒出拱的形态，钢材与磁石的结合使展览可以布满整个空间；办公室入口，评图廊道和转换廊道这些穿越式空间使用清水混凝土，它的厚重使这几处空间获得了我们钟爱的仪式性；我们把空调，服务器等服务空间隐匿于评

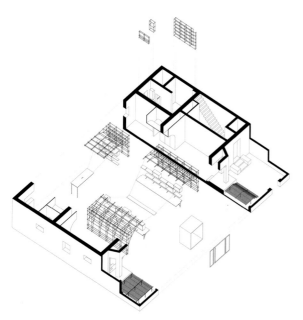

1 平面图

2 透视图

3.4 拱形既是对原有建筑格局的包裹和保护,不同尺度的拱形界定出不同的空间:大拱顶的工作空间,连接着清水混凝土的评图廊道

图廊道背后,清水混凝土具有的隔声性能,使办公室获得了更安静的效果。拉丝不锈钢的可被精确塑造的能力和微弱的反射能力,使构造细节得到了保证,也使拱形获得了某种形式上的拓展。

30m² 的院子曾经杂草丛生无人使用,我们用黑色金属网格支起一个平台,有限的落点和网格的空隙保证了植物的生长,邻居也因此而被吸引下来和我们共享这一方宁静天地。

对历史建筑的保护

上海作为城市的历史仅有 150 年,所以此类近 80 年的老建筑对城市而言弥足珍贵。但是太多的老房子为了能够创造更多的租金与经济利益被业主任意的肢解和搭建,令人惋惜。作为建筑师我们有能力通过自己的设计拯救这些有故事的老房,创造更舒适的共享空间。我们选择了这间老宅的责任就是捍卫其曾经的历史并继续延续下去。

空间矛盾的解决

在一片以居住为主的社区中注入一个办公空间,核心矛盾是如何解决两者的和谐共存,并且有良好的互动。在流线上我们避免干扰到楼上住户,保护其居住私密性;同时,镂空金属露台保存了原有院落生态又成为了与邻居共享的休憩平台,而办公室入户门的雕刻玻璃模糊了室内外的视线,也隔绝了邻居对我们的干扰。

基于小型空间内的材料潜力的探索

无腿的办公桌,悬浮的拉丝不锈钢桌面,弯折成拱形的钢筋,这些对建筑材料的反复探索,是建立在小型空间使用性的研究之上的,避免建筑材料沦为室内的装饰,我们考虑如何利用材料的物理特性构造功能和空间,例如钢筋不仅勾勒的是拱的形态,同时又是储物空间,也是展览空间。所以这个办公室不止于我们的办公空间,也是我们对自己设计理念和哲学的实验。**END**

```
    | 2
| 1 |---
    | 3 4
```

1　空调和服务器等服务空间隐匿于评图廊道背后，清水混凝土具有的隔声性能，使办公室获得了更安静的效果

2　黑色螺纹钢的可塑性勾勒出拱的形态，钢材与磁石的结合使展览可以布满整个空间

3.4　半拱顶的会议室

余姚树蛙部落
YUYAO TREEWOW TRIBE

摄　　影	陈颢、宋肖澹
资料提供	度向建筑

地　　点	浙江省余姚市鹿亭乡中村
设计公司	度向建筑
设计负责人	宋小超、王克明
业主单位	乡伴文旅
主要材料	木材、钢材
建筑面积	80m²
设计时间	2017年3月~2017年8月
竣工时间	2018年4月

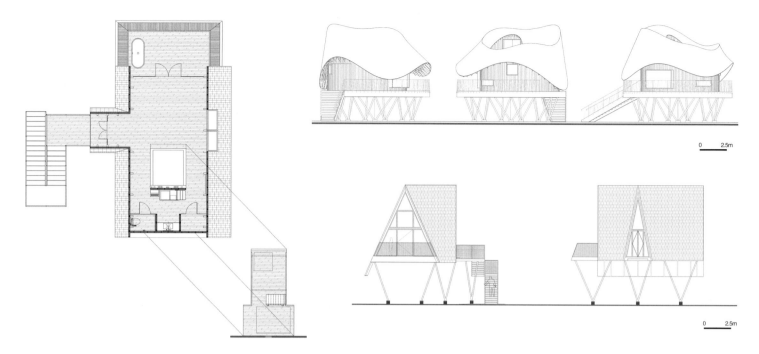

1 平面图

2 剖面图

3 鸟瞰

4 三角形树屋

5 圆形树屋变化的屋面

　　项目位于浙江余姚四明山麓的一个人迹罕至的小山村内，村子正处于原始次生林的边缘。基地的东西两面双峰夹峙，漫山漫野的青翠竹子，生活氛围静谧祥和。

　　建成物和建造过程对环境尽可能产生少的影响，是设计一开始就确立的原则。三角树屋总高约11m，大致与一棵成年毛竹等高，树屋分为上下两部分，下部为钢结构承托柱，上部为木结构主体。由于树屋位于山坡底部，如果树屋地板层定得太低会有比较大的开挖，定得太高又会带来投资增加，降低经济性，最后根据山体斜坡的角度确定了4.5m的地板层高度，实

现了漂浮感，而且因为钢柱收拢为几个点落在土地上，也获得了较为自由的地面活动空间。

　　上部主体以两个等边三角屋面T型交叉构成居住空间，为了获得最好的观景感受，T型空间的四个终点均被设计为玻璃，可以最大限度地纳入周围的美景。

　　传统村落民居的粗方式施工工艺有别于标准化的工业化精细生产，圆形树屋飘逸的屋顶并非是建筑师任性的狂想曲，非线性的屋檐具有极高的容错率，可视为乡村建构对自然规律的尊重与服从。在设计与施工的过程中，反复与当地工匠沟通，达到设计形态与当地施工技艺的平衡。**END**

1.2　圆形树屋室内

3　三角形树屋室内

4　三角形树屋景观长窗

5　圆形树屋飘逸的悬挑屋架

康恒：
做属于这个时代的庭院

康恒

1985 年出生于上海；

2005 年留学日本；

2007 年日本大学艺术系绘画专业（油画）中退；

2011 年日本多摩美术大学环境设计系毕业获学士学位；

2013 年日本多摩美术大学环境设计系（枡野俊明研究室）毕业获硕士学位；

2013 年日本造园设计＋枡野俊明事务所成为职员；

2014 年回国创立七月合作社；

2015 年中国美术学院雕塑系博士—在读。

ID =《室内设计师》

康 = 康恒

ID 谈下自己的求学与从业的经历。

康 2005 年去了日本，大学及研究生就读于日本多摩美术大学。在大三的时候机缘巧合，被枡野俊明老师叫去事务所帮忙实习，负责中国项目对接。毕业后进入枡野俊明事务所工作。2014 年回国创立自己了的设计事务所——七月合作社，同时也兼任枡野俊明事务所中国代理。

ID 最喜欢，对自己影响最大的设计师有哪些？哪些对你最有启发？

康 野口勇对我的启发特别大。因为我自己比较关注当下庭园的发展及当下庭园的样式，他是 20 世纪以来最著名的雕塑家之一，不断尝试将雕塑和景观设计结合并致力于将雕塑的艺术语言运用于室外空间的塑造。被《纽约时报》誉为"全方位的多产雕塑家"。

日美混血儿的他早年跟随布朗库西学习雕塑，26 岁的时候来到中国，向齐白石学习绘画，晚年回到日本开始学习庭园。融合东西方文化的他以"空间即雕塑"的理念开始制作庭园空间。他留下的 12 处庭园空间，让我看到 20 世纪庭园的发展方向。

ID 事务所的定位是什么？工作方式是怎样的？

康 由于之前学习及工作的影响，事务所的定位还是小体量的设计公司。设计师控制在 10 人以下。庭园制作注重现场，在我们看来，图纸上的记号不能完全表达出大自然中没有规则且具有生命的素材，因此，图纸的完成并不意味着工作的结束，相反是工作的开始。我们希望通过现场经验及对自然的尊重，展现生命最大的魅力。每个项目，我都会在现场把控，精力有限，所以事务所的规模也无法做大。

ID 认为设计中最重要的是什么？在设计中，最关注什么？

康 在设计中，最重要的是热情，没了它，

什么都变得淡而无味了。设计中最关注的是制作的过程。庭园是属于拥有者的，而对庭园设计师来说，制作过程是我们唯一拥有庭园的时光。

ID 最近在做些什么项目？请介绍一下。这些项目与以往相比，会有些什么新的探索与想法。

康 私人庭园还是占了多数，还有一些博物馆及企业总部的项目。与刚回国（做日式庭园）最大的不同是，在保留传统庭园骨架的同时，现在慢慢开始探索新的庭园样式了，当下的庭园样式，有东西方庭园的结合，也有当下新的材料的运用。近年来，庭园文化日益被关注，特别是建筑界、艺术界许多学者及实践者以庭园文化为主题进行各种媒介的创作。但我觉得当下庭园的发展需落实庭园制作本身，它不是拿来主义，而是这个时代的庭园样式。

ID 当下面临的最大困惑是什么？打算如何解决？

康 当下最大的困难是团队的不完整。庭园制作并非一个施工队能够完成，它需要许多专业工匠团队介入、其中包括植物种植维护团队、石材加工雕刻团队、木材加工团队等等。而新中国成立以来，由于经济及时代原因，庭园生活一度消失，也意味着工匠团队的消失。现在要再找回这些拥有庭园施工技法的团队几乎不可能了。所以现在只能靠自己的培养，当然能力有限。

ID 谈下对个人以及未来的规划。

康 希望通过自己的实践及学习归纳，做出体系化的当下（21 世纪）的庭园样式。它不是苏州园林、更不是日本枯山水，它属于这个时代。

ID 除了设计，还会有些什么兴趣爱好？

康 收集各国各地的手工艺品，这些东西能让我看到各国人民的智慧及审美。**END**

栖山庭
XISHAN GARDEN

摄　影	陈颢
资料提供	七月合作社

地　点	深圳讯美科技广场
设计团队	康恒、叶钊、郑海洲
内　容	概念设计、深化图纸设计、设计监理
庭园面积	约600m²
竣工时间	2019年01月

1   二层庭院
2   一层庭院

此项目是位于深圳讯美科技广场的私人会所。

由六个庭院组成，分别位于负一层、负二层以及1~4层。此次设计完成了不同主题的庭院，融合了室内外的空间氛围，并给予客人不同的庭院感受。

负二层为会所的餐厅，营造出一个幽静、深远的庭院空间，给人带来明亮、畅快的感受。

负一层为会所的健身室，潺潺流水声和自然风的庭院带给人放松、宁静的感受。

健身室面向的是庭院的主景，利用原墙体留下的落水口作为水源源头，由水槽把水引到庭院主景的视觉中心，通过瀑布石组间流下，激荡在自然落水石上形成潺潺流水声，同时分成两股水流缓缓流入水池。瀑布两旁是造型各异的植物，石组和植物相互衬托，带给人丰富的景观感受。

室外庭院的铺装使用了大块的石条，带给人厚重的感受，将观赏者视线引入庭院，走出庭院，能透过植物缝隙看到若影若现的瀑布水景。

一层是会所的主入口和迎接空间。已建成的会所建筑立面简洁现代，所以庭院采用了沉稳的铺装和雕塑化的石组与建筑融合。

利用现场存在的地形高差，进入大门到达入口平台，通过台阶可以走上入户庭院，台阶边通过雕塑化处理的景石挡土、堆坡消化现场存在的高差问题，同时通过植物和景石的配合形成丰富的视觉体验。进入到入户庭院正中是平整、简洁的入户通道，通往会所入口。

入口右侧是现代简约的景观岛，左侧是可以进入休憩的乱拼平台，可以坐在景石上观赏不同角度的庭院。

二层庭院对应的室内空间是日式餐厅，整体庭院呈对角布置，创造景深。

庭院入口处是乱拼平台，庭院深处为一组自然石蹲踞，呈现出一个自然、雅致的景观氛围。

三层庭院对应的室内空间是会所起居室，低矮的景观打开观赏者视线，表现出旷达洗练的空间氛围。

庭院入口是相对简单、面层处理稍微有变化的过道区域，通过一个特殊造型的眺望平台，把客人视线引入庭院，庭院内放置着表情各异的石条，错落地摆放在碎石上，以此展现出一个具有仪式感的远眺景观。

四层庭院对应的室内空间是起居室，干净利落的石质造型充满象征意味，给生活之余的放松带来不同的感受。几何形制使屋顶平台广阔的视野有了锚点，将观景的"随意性"整理成"仪式感"。

通过过道进入庭院，沿着铺装走进休憩平台，不同的石材铺装丰富了平台地面，结合景观石凳，客人坐在景观石凳上可以眺望远处自然与抽象结合的雕塑。■

1-3 负一层庭院

I 2

3

1.2　负二层庭院

3　四层庭院

主
题

清乐庭
QINGYUE GARDEN

摄　　影｜史旸
资料提供｜七月合作社

地　　点　｜上海棋院大楼
设计团队｜康恒、陶大镛、林可
内　　容｜概念设计、施工图设计、设计监理
庭院面积｜约200㎡
竣工时间｜2017年12月

上海棋院地处繁华的南京西路段。清乐庭位于棋院大厦四楼西侧，与办公会客区域相连。是一个可静观、可游览的使用性庭院，氛围宁静且内敛。庭院布局自由不拘泥于形式，用多样的绿植营造出不同的氛围，时而干练简素，时而丰富深邃。

平滑的石铺是庭院留白之处，在紧凑的布局中调整观赏节奏，展现空间的余韵。

每个石头都有其独特的表情和生命力，清乐庭撷取石块本身的材质和形状，利用其微妙的差异，构成一个美感均衡的空间，旨在其中感受朴实单纯的丰富。END

1.2　庭院

3-6　石铺

Linehouse:
整体性设计

翻 译 ｜ 莫万莉

BRIAR HICKLING

成立联图（Linehouse）之前，Briar 在 2009 年 ~2014 年间曾在国内领先的建筑设计事务所如恩设计研究室（Neri & Hu）担任高级建筑设计师，经手项目遍布亚洲、澳洲和英国，其中有国际知名烹饪大师 Jean-Georges 和 Jason Atherton 的餐厅，也有西安威斯汀酒店等大型项目。搬到上海前，Briar 曾任职于新西兰惠灵顿的酒店设计事务所 Allistar Cox，该事务所曾荣获多项大奖。Briar 是室内设计专业科班出身，在室内设计、建筑设计和产品设计领域拥有 13 年的经验。

莫秀曼

莫秀曼（ALEX MOK）从事建筑设计逾 16 年，曾在伦敦 Niall McLaughlin 建筑设计事务所供职六年；后担任如恩设计研究室（Neri & Hu）高级建筑师，负责酒店、餐饮及零售项目，曾担任郑州艾美酒店（01）项目首席建筑师。她参与的其他知名项目包括：伦敦弯弓街精品酒店（London Bow Street Boutique Hotel）和鞋履品牌看步 Camper 的陈列厅。

ID =《室内设计师》
B = BRIAR HICKLING
A = ALEX MOK

ID 谈下自己的求学与从业的经历。

B 我认为这一经历对我来说是一件自然而然的事。在学校，我学习了包括绘画、版画制作、平面设计等所有和艺术相关的科目。我想这对于我来说是一个逐渐成熟的时期，我踏入了艺术领域，而它也成为了我的热情以及我的追求所在。

A 在我很小的时候，我便希望我能成为一位设计师。我热爱诸如设计、手工艺和技术等科目，也喜欢在学校工坊中动手造物。在一所建筑类学校学习会是一种令人生惧的经历，但即便一开始，我就知道这对我来说是一条正确的道路。我在英国的巴特莱特学院（Bartlett）学习，而随后又十分幸运地能在如麦克洛宁建筑师事务所（Niall McLaughlin）和如恩设计研究室这一设计驱动型的优秀公司工作。

ID 你最喜欢、对自己影响最大的设计师有哪些？

A 我的导师们对我作为一名设计师说有着长久的影响。尼尔·麦克洛宁的影响在于他对光线的处理和对材料的建构性使用，而如恩设计研究室的胡如珊和郭锡恩的影响则在于融合不同学科的整体性策略。

B 詹姆斯·特瑞尔（James Turrel）的作品是我长久以来的灵感来源。在夜间参观他的位于直岛地中美术馆的"开放的天空（2004）"，观察时间的流逝，通过光线的处理体验被框景的天空中变换的色彩，是一种冥想式的体验。它使得人们去思考身体和自然之间的关系。

ID 事务所的定位是什么？工作方式是怎样的？

B&A 我们喜爱出乎意料的和有些古怪的事物，试图以一种非常建筑化的方式来推进一个项目，从而创造出独特的空间体验。我们的项目是整体性的，它结合了建筑、室内、产品设计和平面设计等不同学科。在东亚工作，部分的挑战以及乐趣来自于如何利用好供应商、建造商和手工艺人的潜力而创造出定制化的材料和解决方案。不断地试验和制造的过程是每个项目不可缺少的一部分，也是 Linehouse 的工作方式。这一共生关系意味着我们向本地社群学习，并以一种更为现代和创新的方式去使用他们的作品。

ID 认为设计中最重要的是什么？在设计中，最关注什么？

B&A 当我们开始一个项目时，我们会对场地、文脉、历史、品牌和本地社群进行精确的研究，从而提炼出有意义的概念或是叙事。一旦一个强有力的概念被建立，也得到了客户的首肯，它会指引我们所有的设计决策。

ID 最近在做些什么项目？请介绍一下。这些项目与以往相比，会有些什么新的探索与想法。

B&A 我们最近完成了一家位于香港的、名为庄馆的餐厅设计。这个项目被构思为一个关于历史性形象的叙述。这是个十分有趣的项目，它探索了香港城市历史和对这座城市的形成起着关键作用的贸易仓库的发展史。我们和 Maximal Concepts 一起工作。和我们一样，他们也对设计的各个方面充满着热情。由于客户希望这一项目能够成为可持续设计的典范，我们能够具有创新性和实验性地去使用材料。譬如，我

们能从中国农村地区的被废弃住宅中搜集到陶瓦并加以使用。

我们也刚完成了一个茶室的设计。这个项目有着一种强烈的新和旧的并置，并且在我看来，极大地挑战着人们对茶室的典型期待。现状空间被剥离为它原初的状态，混凝土结构、旧砖墙和顶棚的斑迹被暴露出来。一些由不锈钢包裹的、屋顶轮廓不断变化的小茶室被植入这一空间。在通高空间中，我们把两间茶室进行堆叠，并在两端设计了通高的玻璃，引入视线和来自于天窗的自然光线。每一间茶室都有着不同程度的私密性和透明性。

我们也正在发展缤客网的位于阿姆斯特丹的新中央园区。这是一个能够和 UNstudio 以及 Hofman Dujardin 合作的机会，也为我们在欧洲设计项目打开了大门。

ID 当下面临的最大困惑是什么？打算如何解决？

B&A 我们希望能够和具有鉴赏力和看重设计过程的客户共同工作。在设计之初，共同商讨以及真正理解客户的需求是十分重要的。

ID 谈下对个人以及未来的规划。

B&A 我们目前有一些位于香港、阿姆斯特丹及日本的项目。它们包括了酒店、居住和餐厅等混合功能。因为一些当地项目，我们刚在新西兰奥克兰开设了新的办公室。

ID 除了设计，还会有些什么兴趣爱好？

B 我希望成为一名顶尖的冲浪选手，但我才刚开始学习。它需要大量的训练！

A 我热爱自行车运动和曲棍球。END

HERSCHEL SUPPLY 中国办公室

HERSCHEL SUPPLY, CHINA OFFICE

摄　　影	Jonathan Leijonhufvud（雷坛坛）
资料提供	联图建筑设计（Linehouse）

地　　点	上海市静安区常德路
建筑事务所	Linehouse
建筑面积	134m²
竣工时间	2017年

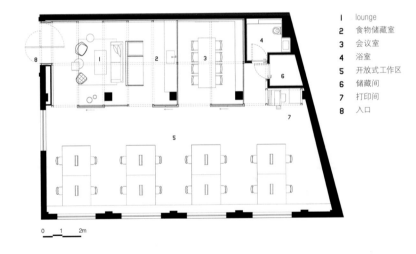

1 黑色金属架构的"屋中屋"

2.3 办公室入口，设计沿用房屋架构的元素

4 平面图

5 立面图

1 lounge
2 食物储藏室
3 会议室
4 浴室
5 开放式工作区
6 储藏间
7 打印间
8 入口

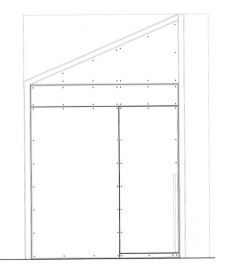

联图（Linehouse）担纲设计了加拿大生活方式品牌 Herschel Supply 在中国的首个办公空间。该空间位于上海市某居民区的一条街道旁。区域内不少老楼被拆后，留下一些遗迹，从中可以一窥过去老上海日常生活的光景。在城市改造中，房屋的外层被剥去，露出内部材料，原有的建筑被切割，空白被填满。此次的设计正是围绕这样的拆除过程以及公共与私密空间的对立联系展开。

设计师在空间的中央造了一个黑色金属架构的"屋中屋"。玻璃围成的区域内是休息区、茶水间、会议室、洗手间和储物间，玻璃墙外的开放场地是办公区。透明玻璃使室内整体和谐统一。

钢架的斜顶上覆有孔状不锈钢波纹板，室内承重柱外部的涂漆和背筋被剥去，露出内部的混凝土柱体，从不锈钢板斜顶中贯穿而过。

极具实用功能的钢架玻璃屋在会议室和茶水间配有波纹板滑动门，使用时可根据需要关闭或开启。

办公空间入口的设计也沿用了房屋架构的元素，设计师将构架剖面的二分之一嵌入入口的墙体中，周围用回收的弃砖填充。保留了粗粝质感的金属大门可绕轴旋转打开，联通室内与门外的街道，紧挨入口的休息区融入街景中，成为街道的一部分。■END

1-4 极具实用功能的钢架玻璃屋，在会议室和茶水间配有波纹板滑动门，使用时可根据需要关闭或开启

5 立面图

6 玻璃围成的"屋中屋"内景

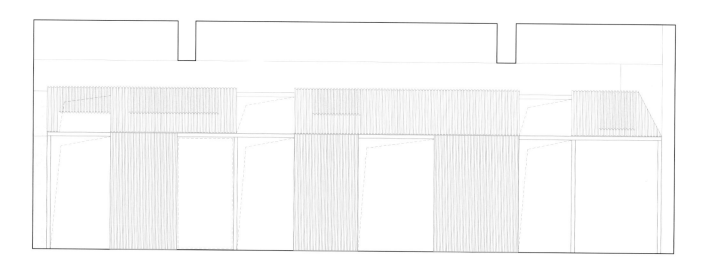

N3ON 精品太阳眼镜店
N3ON BOUTIQUE SUNGLASSES STORE

摄　影	Dirk Weiblen
资料提供	联图建筑设计（Linehouse）

地　点	上海港汇广场3楼
建筑设计	Linehouse
面　积	33m²
竣工时间	2016年

309

1	2
	3

1　交错摆放的双层凹面穿孔白色金属板

2　N3ON 精品太阳眼镜店门面

3　白色金属板上装有可调整的装置，用作放置眼镜的平台

　　N3ON 是一家精品太阳镜店，也是一个独一无二的零售空间。空间设计的灵感源自眼睛的感知能力与其捕获的影像。在此项目中，设计师巧妙地将凹凸、景深和透视加以结合并发挥。

　　设计的主体是一组双层凹面穿孔白色金属板，这些金属板交错摆放，营造出强烈的视觉吸引力。面板上的"透气"孔纵向渐变。收银台是店内的视觉亮点——这是一个粉色的盒体，外层是激光生成的亮粉色亚克力材料，内置数个荧光灯组。板与板之间放置着镜面，可映照出无穷的镜像。凹板上装有一组可调整的装置，用

作放置眼镜的平台。极具设计感的眼镜或是摆在白色金属板上、或是夹在白色金属棒上、或是陈列在玻璃盒中，仿佛漂浮在凹版之上。

　　镜面前有四个独立装置。纤薄的白色搁架穿插在艳粉色金属条之间，用于陈列眼镜。

　　整个店铺因为白色的金属板而显得特别有未来科技感，纯白的用色，让整个空间显得简约而时尚，金属面板上有着细密的穿孔，照明光线可以互为穿透，让店铺显得格外明亮而通透，令整个店铺犹如一件艺术品一般。END

崔树：
在寻找自己的道路上，不止步！

撰文 | 立夏

崔树

CUN 寸 DESIGN 品牌创始人；

2015 中国设计星全国总冠军；

2016 INTERIOR DESIGN 封面人物；

2016 入选英国 Andrew Martin 年鉴；

2017 尚流 TATLER Generation T100 中国新锐先锋人物；

中国设计星执行导师；

中国装饰协会陈设艺术专家委员会专家委员；

中国 ADCC 副秘书长；

台湾两岸设计封面人物。

曾获奖项

2018 年获得第十四届中国设计业十大杰出青年 - 光华龙腾奖；

2018 年获得 Architecture Press Release 国际可持续建筑商业室内类别一等奖；

2017 年同时获得红点与 IF 双项德国设计大奖；

2017 年获得全球 Architizer A+ 设计奖；

2017 年 Architizer A+Awards 办公室——大众评审奖；

2017 年获得意大利 A'Design 奖；

2017 年获得台湾 TID 办公空间设计金奖；

2017 年获得 IDA 全球两项设计大奖；

2017 年获得美国室内设计 Best of year 奖项；

2017 年伦敦市设计金奖获得者；

2017 年获得 APIDA 亚太区室内设计大奖；

2017 年获得美国建筑设计奖；

2017 年受邀中国澳门大学进行 "时代 / 成长 / 未来" 设计主题分享；

2016 年受邀请米兰设计周于意大利进行 "Young/Design/Chinese" 主题分享；

2016 年受邀英国伦敦 Inchbald 设计学院进行 "从中国审美到世界设计" 主题演讲；

2016 年作为最年轻的设计分享嘉宾于北大百年讲堂进行《格调》主题分享；

2016 年获得中国金堂奖最佳办公空间设计奖；

2016 年成为最年轻获得 Andrew Martin 大奖的亚洲新面孔；

2016 年获得美国 IIDA 全球卓越设计大奖；

2016 年成为 40 UNDER 40 中国设计杰出青年；

2016 年入选新浪中国室内设计新势力全国榜单；

2015 年成为中国金堂奖年度新锐人物。

ID =《室内设计师》

崔 = 崔树

ID 谈下自己的求学与从业的经历。

崔 自小我就很喜欢设计，大约从初中时代开始，对自己的空间或者周围空间就有着想要去改造成更好的想法，这个想法也最终导致我决心做一名设计师。

大学毕业工作以后，前面七、八年时间在不同的公司工作，从设计师起步，后来做到设计总监、研发中心主任，再后来2011年6月开始自己创业，成立了现在的公司。

ID 最喜欢，对自己影响最大的设计师有哪些？哪些对你最有启发？

崔 安迪·沃霍尔。安迪的艺术是一种平常的艺术。他是最没有架子的艺术家。因为我们看他的东西，很容易觉得"我也是"。反感一切架势，因为架势是不基本的。

另外一个对我特别有启发的人是一位老师，他是位家具匠人。他给我的启发是"任何我们自身的中国文化，其实也可以变成特别当代的一种设计智慧。文化的价值在于怎么把它转化成现下的当代智慧"。这让我更加明白应该去不断地学习与提高自己，并且忘记自己的经验，打破自己，怎么去忘掉自己的经验，去做更新的设计。

ID 事务所的定位是什么？工作方式是怎样的？

崔 与大多数设计师事务所的定位差异并不大，区别在于设计理念上我们一直在寻找和总结我们自己的设计方法论，我们的Slogan是"不做经验设计的奴隶，不是审美趋势的附庸者，在寻找自己的道路上，不止步！"这也可以直观地看出我们公司的工作定位和要求。当下，我们在用设计创新思维来平衡人与建筑、空间之间的供需关系，期待能有更好的突破。

工作方式基本上是基于项目小组的协同工作模式，以最有利于和最有效率解决问题的协同与沟通方式开展工作。

ID 认为设计中最重要的是什么？在设计中，最关注什么？

崔 先做自己的甲方，再做自己的设计师。设计，是解决问题的一个答案，而不是一个视觉形式。好品味和素养，决定设计的方法和取舍。设计的角度是大于设计深度的，做空间设计最重要的并不是设计本身，而是与之相匹配的人，人的理性诉求和情感寄托是设计的前提依据，也是设计存在的意义。有时候不设计也是设计，所以对自己来讲，我觉得最难的不是去学习别人的长处，而是守住自己的特点，这也是我们所关注的。好作品自己会说话，讲最有必要的话，讲最想讲的感情。

ID 最近在做些什么项目？请介绍一下。这些项目与以往相比，会有些什么新的探索与想法。

崔 市场对我们的了解或是熟悉，常常是从办公空间的设计切入的，而实际上我们做的项目类别不止办公空间设计，几乎所有设计类型，工装的、家装的我们都在做。新的探索是在呈现设计价值的多元化，多维度强化设计的意义。

ID 当下面临的最大困惑是什么？打算如何解决？

崔 困惑源于思考，没有什么最大的，只有当下的，当困惑不再是困惑，会有突破后的惊喜，这是成长的规律。所以其实不是最大的困惑，而是在某个时期自己固化的思考逻辑不能寻找到突破，受到以往经验的束缚，这需要及时通过不同层面和角度的信息交流来突破。

谋求信息优势，是博弈外部世界；谋求心灵优势，是博弈内心世界。外可胜人，内能克己，这应该是普世的解决困惑的途径，我们也同样。

ID 谈下对个人以及未来的规划。

崔 未来的时间，会将重心回归到设计上。好内容才会有好故事，好故事才会有人喜欢去听。

ID 除了设计，还会有些什么兴趣爱好？

崔 电影、音乐、旅行、极限运动等。END

CUN 寸 DESIGN 办公室
CUN DESIGN OFFICE

撰　　文	崔树
摄　　影	苏糖、王厅、王瑾
资料提供	CUN寸DESIGN

地　　点	北京
室内设计	崔树、王继周
装置与陈列	崔树、苗德宝、孔伟青
施工单位	平易做装饰工程有限公司
项目面积	700m²

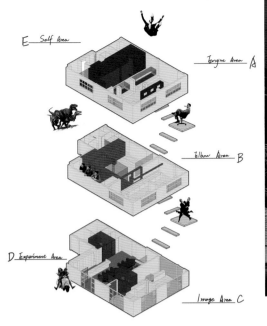

1 ┃ 2 3

1 通向顶层的开放式楼梯

2 办公室 A-E 区域三维图

3 办公室外立面

大多数设计师会选择自己的办公室来实现未完成的创意，但往往容易脱离设计的本质。因此，设计师自我打造空间时，更应该守住空间设计的本来目的。

2017 年，我们在朝阳区发现了一个由几十年历史的老厂房进行改造中的创意产业园。在经过一番考量之后，我们用它作为 CUN 寸 DESIGN 的新办公室。这一次，我们决定放下设计师的身份，把自己定义成甲方，开始整个设计工作。

经过梳理，我们根据需求将办公室划分成五大区域：A 区域"发动机区域"，使用率最高的地方，我们把最好的南北方向空间用于"工作空间"，用最流畅的动线来组合这个部分；B 区域"肘部区域"，这一部分区域完成的是企业合作伙伴在工作中的协同作战诉求，其应该被设置在有独立出入口的中部空间；C 区域"形象区域"，是企业面对客户的精神堡垒，我们将其设置在空间的重点区位；D 区域"实验区"，为了高效化社交时间，一个经营性的场所

是我们办公空间里的一处试验田，我们尽量把此区域的使用效率做大；E 区域"自我空间主脑区"，留一份安静和孤独给自己，只有自己和设计。

最后就是用适合的方法逐一实现。我们把 A 区域放在顶楼阳光最好的位置，主创团队都在这个区域工作，保留了老建筑的原始砖墙，只对吊顶做了百叶格栅的造型设计，与阳光顺向的造型也起到了调节空间光线的作用。

为了实现 B 区域的规划，我们用接近 5m 的夹层层高又搭建出了一层。二层有一道单独的门，合作单位可以通过此入口进去二层，与二层的设计团队进行沟通和工作对接。同时在二层，我们分别还安排了小会议室和材料样板区，以方便大家迅速交流与沟通。

通过一面全景的镜面后就来到了一楼，我们在楼梯间的位置使用镜面处理方式把楼梯整体反射形成一个 V 型，在这里忽然闯进来一群飞鸟带起的霸王龙，让空

间变得灵动梦幻。这也是办公室里的最佳拍照位，成了代表公司气质的 C 区域。

我们在一楼做了一个酒吧，并在这个区域设计了两个可移动的桌子，白天它就是一个大的接待室，在有活动和聚会的时候，能瞬间切换成社交区域。使用率最低的空间设置在一楼的实验区，装饰一台蔡司的老机器，同时把一些个人喜好的物品放在了这个空间，让它更有人情味。

我把自己的空间和办公室故意做得很小，这样能把注意力都集中在设计工作本身，办公桌的头部是个 1.1m 的圆桌，能满足 4 个人短时间内迅速碰方案。办公室的后面，有一条单独的楼梯通往楼下的茶室，满足我一个人的创意设计和客人接待需要。

最后，一个没有艺术品的空间，只能是冰冷的空间。在工程结束的时候，我们找到了很多适合的艺术品，他们就像我们的好朋友一样来到了这个空间的每个角落，并在此点燃了属于它们自己别样的艺术性。 END

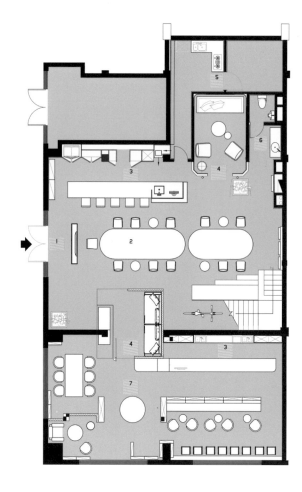

1 入口区
2 酒吧
3 吧台区
4 雪茄区
5 厨房区
6 卫生间
7 咖啡区

1		3
2		4 5 6

1 一层平面图

2 一层的酒吧区

3 两个可移动的桌子，让一层的酒吧区可以瞬间切换功能，白
天是大的接待室，有活动和聚会的时候，可以作为社交区域

4 艺术品成为点燃空间温度的关键

5 员工在绿色贴砖的调酒台前

6 空间的大小，完全根据功用进行规划，收放有度

```
  | 2
I | 3
```

I 楼梯间被设置了镜面，令楼梯整体反射形成一个 V 型，忽然闯进来一群飞鸟带起的霸王龙，让空间变得灵动梦幻

2 接近 5m 的夹层被搭建出一层，成为企业合作伙伴在工作中的协同作战诉求区，即 B 区域

3 放在顶楼阳光最好位置的 A 区域，保留了老建筑的原始砖墙，主创团队都在这个区域工作

哲品北京国贸三期品牌店
ZENS @ CHINA WORLD TRADE CENTER TOWER 3

撰　　文　　崔树
摄　　影　　王厅、王瑾
资料提供　　CUN寸DESIGN

地　　点　　北京市朝阳区国贸
项目功能　　商业空间
室内设计　　崔树、王继周
参与设计　　马川川
项目面积　　128m²

1 | 2

1　设计师用一个开口的竹编装置做成一个东方的圆形，模糊了空间的边界

2　哲品店铺全貌

作为中国人新的茶生活倡导品牌，哲品这两年用很多好的设计赢得了大家的喜爱。

哲品关注中国设计，同时也关注中国年轻的设计师，品牌将他们称为"白金一代"。2017 年春天，哲品和 CUN 寸 DESIGN 进行了第一次接触，想通过一个新鲜的设计，共同完成一件作品。当我们更多地了解品牌，发现如果 CUN 寸 DESIGN 真的要与哲品联名设计，首先要做的应该就是哲品的店面形象。通过店面的设计，才能彼此了解。

于是，我们完成了坐落在北京国贸三期首层的哲品店，这个店面的面积不大，而且是一个偏奇怪的椭圆形，于是我们尝试用一个东方圆去营造空间，开启了双方合作的新旅途。

整个店铺的设计方法极其简约，我们首先尝试用一个无边界的手法，把店铺的顶地墙面的平整度柔化掉，这样就避免让人们去思考店面空间本来的尺度和形状，通过设计的手法，把这个店的边界模糊化了。

随后，我们用一个开口的竹编装置做了一个东方的圆形，像一条盘弯探尾的锦鲤，也像一块圆润有方的鹅卵石。最终用这一块东方圆的装置来协调和整合了所有功能。

在我的理念里，如果非要用一个图案来形容对东方的理解，那就是圆了。可是在我的心里，圆又不是常规理解中那个属于世界的几何图形，它更像一块被时间冲刷过的鹅卵石，每个角度都圆润光滑，每个角度又不同和个性。

这其中蕴含着对世界和环境的妥协，但又保留了一份内心对自我的坚持，以及对时间的尊重。不尖锐刻薄、却个性优然！这就是我理解的东方，如太极一般的圆，体现了东方人的智慧和哲学，更是我所希图追求的。恰如其分，哲品同样也是代表这种气质的追寻者。

CUN 寸 DESIGN 的设计师用了一种属于世界的几何型，完成了属于东方人自己的智慧和哲学，我们认为设计的终点从来不是美，它应该更遥远更重要，是准确是智慧是解决问题后的豁然开朗，是基于方法论的美好呈现，与同样美好的东方品牌 —— 哲品一同在寻找自己的路上，不止步。END

MOC DESIGN :
直觉地去设计，
无"主义"的主义

撰文 | 秋分

MOC DESIGN

关注环境给人的情绪，并以细致的观察、融合创意思维，创造理性而细腻的空间。

MOC DESIGN OFFICE 是一个位于中国深圳的独立设计事务所，提供理性而细腻的建筑、室内及产品设计的全面设计服务。

MOC 了解如何通过真正的原创性方案来实现设计价值，这些解决方案不仅可以回应客户的实际设计目标，将强加于项目的独特条件视为机遇而非束缚；因此，每个项目的结果都是关于项目本身场域条件和设计策略深度对话的一个回应。

ID =《室内设计师》

V = Vivi Wu

S = Sam Liang

ID 谈下自己的求学与从业的经历。

V 我们都是广州美院展示专业的，算是大学校友，因为不同届所以在学校反而并不认识。成为同事后，因为工作配合还挺默契，后来就决定一起建立事务所。

ID 最喜欢，对自己影响最大的设计师有哪些？哪些对你最有启发？

S 每一个阶段，自己对项目的理解都不太一样。

V 是的，有时候我们甚至在避免受到某些"主义"的影响，这些理念和理论被广泛传播，至少在我们看来是这样的。实地去亲身体验，身处其中地直观感受，这在我看来可能更为重要。

ID 事务所的定位是什么？工作方式是怎样的？

V 概念型事务所。我们会先收集所有能够掌握的信息，包括场地条件、设计任务、功能、当地文化等，然后跟团队坐下来进行讨论。之后我们会凭直觉尝试勾勒一些草图，敲定后确定整个叙事逻辑，不过在模型阶段我们也会再次判断。

S 有时候我们会推翻原有的设计概念，在整个项目进程中保持开放性的思考，不拒绝任何一个可以更好的可能。

ID 认为设计中最重要的是什么？在设计中，最关注什么？

S 我认为重要的是好奇心，以及作为设计师的敏感度，对事物的感受和观察决定了整个项目的细腻程度。

V 设计理念足够简单很重要，只有那种能够用简单几笔就同时解决多个问题的设计才称得上是好的设计。

ID 最近在做些什么项目？请介绍一下。这些项目与以往相比，会有些什么新的探索与想法。

V 我们依然跟我们的客户们保持着良好的合作关系，不过我们也希望去尝试一些没有做过的项目类型。最近我们尝试探索空间的通透性与身在其间的感受，我们在几个项目上都做了不同的探索。

ID 当下面临的最大困惑是什么？打算如何解决？

S 最大的困惑是当没有找到自己觉得最佳的点，却因为时间的压力，不得不做出一个东西。

V 大部分合作方还是比较尊重我们想法的，有时候我们会在确认完方案之后，因为想到一个更好的点子，而把原来的方案推翻。

ID 谈下对个人以及未来的规划。

V 要谈这么大的话题……可能我们真的没有什么太多的计划。不过首先还是把手上的项目做好，不辜负每一个信任我们的客户就是目前的规划了。

ID 除了设计，还会有些什么兴趣爱好？

S 我对雕塑一直很喜欢。我理解的雕塑不单单是一件艺术品，更可以看作是空间雕塑。就像我们在做的空间设计，也不是单纯的装修，而是把空间雕塑出来。一个好的雕塑可以说就是空间的气质所在。

V 我觉得设计和生活是连在一起的，我并没有把它单纯地看成是一个工作。这两年闲下来的时候我会去潜水，大概算是一个新的爱好吧。**END**

喜茶郑州正弘城茶空间店
HEYTEA AT ZHENGZHOU GRAND EMPORIUM

摄 影	直译建筑摄影
资料提供	MOC DESIGN OFFICE

地 点	郑州花园路与东风路交汇处正弘城一层
设计单位	MOC DESIGN OFFICE
主创设计师	吴岫微、梁宁森
装置制作	艺和园
面 积	250m²
设计周期	2018年8月~2018年9月
竣工时间	2018年11月

```
┌─┬─┐
│1│3│
├─┼─┤
│2│4│
└─┴─┘
```

1 外立面

2 轴测图

3.4 通过竹子的疏密排列，构成浓淡相宜的立体笔触

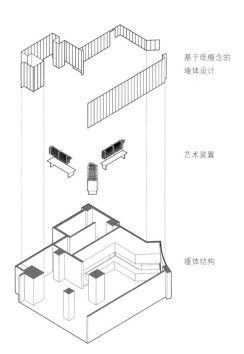

基于纸概念的
墙体设计

艺术装置

墙体结构

时至今日，传统的饮茶文化依旧存活在当下中国人的生活之中，并扮演着极为重要的角色。从经典的茶道到年轻人喜爱的新式茶饮"喜茶"，曾经的文化传承随着时代的推进而催生出新的形式，MOC DESIGN 从这些变化中看到了更多的可能性，并将之运用到了喜茶郑州正弘城茶空间店的营造之中。

在这个茶饮空间，设计师将中国传统书法艺术用年轻人更乐于接受的现代手段加以重构，探索了传统书法艺术在新时代语境下的可能性，从而达成空间设计与喜茶在品牌精神层面的高度契合。

茶助文人思。

茶是中国古代文人交流时，必不可少的饮品，亦是挥洒水墨之际，激发灵感的妙物。中国的书法艺术以水和墨为介质，讲究的是在简单的线条中传递丰富的精神内核，正如茶一般，总能品出不同的况味。

书法的基本元素是笔触。落墨或干或湿、或浓或淡、或遒劲或悠扬，其间蕴藏无尽的内涵。设计师将书法艺术中水墨笔触的印象，化作艺术装置的形式，在空间中加以立体化呈现：白色的空间背景好似纸张一般，悬浮于空间中的黑色竹子，如同在三维空间中的落笔挥毫，构成艺术化的装置。

时代不断前行，新式茶饮以独有的方式延续茶文化的生命，MOC DESIGN 希望与喜茶一同，探寻传统文化与当下年轻人连接的更多可能性。END

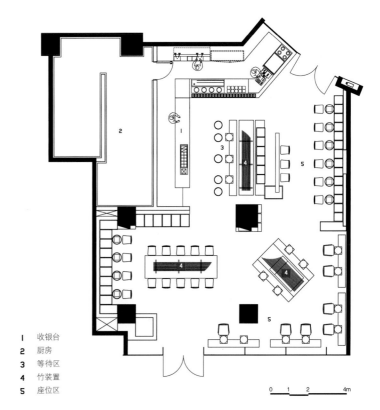

1	5
2 3 4	6

1　黑色竹子构成的笔触艺术装置，"悬浮"于白色的空间中

2-4　装置细节

5　平面图

6　墙面设计与装置

1　收银台

2　厨房

3　等待区

4　竹装置

5　座位区

0　1　2　　　4m

林子设计：
以人为本

撰 文 ┃ 秋分

林子设计

林子设计（Lim+Lu）是一家跨领域设计公司，成立于纽约，目前总部设在香港，在全球范围内提供建筑、室内、家具和产品设计服务。共同创始人林振华和卢曼子在康奈尔大学学习建筑设计时相识。当他们两人在 2013 年成立林子设计作为业余爱好时，林振华是 KPF 纽约事务所的一名建筑设计师，而卢曼子在 Tiffany&Co 致力于零售空间室内设计。他们在 2014 年国际当代家具展 ICFF 展出了一些家具设计，并获得广泛好评，之后二人便决定搬到香港全职发展林子设计。目前林子设计的项目覆盖香港、纽约和其他城市。最近，他们获得了 2017 年法国 Maison&Objet 亚洲新锐设计师奖、香港《Perspective》40Under 40 设计精英奖和《安邸 AD》2017 中国最具影响力 100 位建筑、设计精英奖。

林振华

林振华（Vincent Lim）是林子设计的共同创始人及创意总监。他在香港出生和长大，曾在纽约留学和工作，目前居住在香港。毕业于康奈尔大学建筑、艺术 & 规划学院并获得建筑学士学位。Vincent Lim 曾就职于香港的 Davidclovers 建筑师事务所，嘉柏建筑师事务所和思联建筑设计有限公司，以及纽约的 Kohn Pedersen Fox Associates。

卢曼子

卢曼子（Elaine Lu）是林子设计的共同创始人兼总经理。她出生于中国，在亚特兰大长大，曾在纽约留学和工作，目前居住在香港。她毕业于康奈尔大学建筑、艺术 & 规划学院并获得了建筑学士学位。曾就职于丹麦哥本哈根的 Boldsen& Holm 建筑师事务所，纽约的 Robert A.M. Stern 建筑师事务所及蒂芙尼店铺设计。

ID =《室内设计师》

林 = 林子设计（Lim+Lu）

ID 谈下自己的求学与从业的经历。

林 我们在康奈尔大学学习建筑设计时相识。林振华曾就职于香港的 Davidclovers 建筑师事务所、嘉柏建筑师事务所和思联建筑设计有限公司。卢曼子曾就职于丹麦哥本哈根的 Boldsen & Holm 建筑师事务所以及纽约的 Robert A.M. Stern 建筑师事务所。2013 年，我们成立林子设计，将其作为业余爱好时，林振华是 KPF 纽约事务所的一名建筑设计师，而卢曼子在 Tiffany & Co 致力于零售空间室内设计。

ID 最喜欢，对自己影响最大的设计师有哪些？哪些对你最有启发？

林 在巴黎偶然参观了设计大师 Ronan 和 Erwan Bouroullec 的作品展览后，我们决定成立自己的设计事务所。他们的设计和理念鼓舞了我们，拓宽了我们的视野，让我们的眼光不再局限于建筑设计，开始涉足室内和产品设计。

ID 事务所的定位是什么？工作方式是怎样的？

林 林子设计是一家集室内设计、家具设计和产品设计于一体的跨领域设计工作室。通过贯彻整体性的设计方法，我们能够在不同空间规模探索设计，寻求空间和物体之间的完美融合。林子设计的核心理念是以人为本。我们坚信，与团队、顾问、供应商、承包商和客户等各方保持良好的沟通能够确保达成最优质的项目。我们一直与客户保持着良好的关系，对他们的需求保持开放的心态，这一点我们引以为做。处理项目从了解客户开始，因为与客户形成良好的关系于我们而言至关重要。在整个项目过程中，我们一直与客户保持沟通，确保项目交付符合他们的期望。我们相信，言出必行、超出期望交付项目是最好不过了。

ID 认为设计中最重要的是什么？在设计中，最关注什么？

林 如果让我们描述一下林子的设计美学，我们会使用简洁、多功能、有趣等关键词。这并不一定是说我们有一种特定的独特风格。我们喜欢开展设计实验，对每个项目都尝试不同的方法。话虽如此，当我们回顾迄今为止所设计的作品时，会发现在风格上尽管可能有很大的不同，但是它们之间有一种连贯性。在我们看来，是思维过程以及鲜明多样的设计方法将这些项目紧密联系在一起。

ID 最近在做些什么项目？请介绍一下。这些项目与以往相比，会有些什么新的探索与想法。

林 我们目前在为一家五星级连锁酒店设计全新的酒店品牌概念，这是我们目前规模最大的项目。此外，我们也正在为丹麦的一个品牌设计照明系列产品，将于今年晚些时候推出。

ID 当下面临的最大困惑是什么？打算如何解决？

林 我们的设计工作室相对来说规模较小，面临的最大挑战在于我们要独立处理项目和业务的所有环节。这虽然是个挑战，但对我们的工作是有帮助的，因为我们参与到了设计的每一个细节当中。我们将继续与志同道合的员工一道努力，发展和壮大工作室。

ID 谈下对个人以及未来的规划。

林 目前有几个项目即将完工，包括一家餐厅、一家酒店、几座住宅还有与一些丹麦品牌合作的产品设计。工作室的长期规划是在欧洲开设一个卫星办公室。

ID 除了设计，还会有些什么兴趣爱好？

林 我们享受与刚出生的女儿在户外共度家庭时光。**END**

香港鲗鱼涌住宅
QUARRY BAY RESIDENCE

| 摄　　影 | Nirut Benjabenpot,Pak Chung |
| 资料提供 | 林子设计 |

地　　点	香港英皇道
设计公司	林子设计
设 计 师	卢曼子、林振华
主要材料	木材(佳楹)、大理石(信德)、水磨石(Chun Yan)、瓷砖(Anta)
面　　积	110m²
竣工时间	2019年1月

成立于纽约的跨领域设计公司林子设计（Lim + Lu）近日在香港新近完成了一个改造项目，他们将香港鲗鱼涌一间110m²、废弃了15年的公寓打造成一个提供度假般体验的居所。

公寓原主人一生大部分时光都在这里度过，在15年前留下房中的一切离开了香港。林子设计在去年考察场地的时候，发现这里的时间仿佛静止了，一切物件保留在原位，不禁让人回忆起王家卫经典电影中的场景。

新主人是一对夫妇，其中一位是精品住宅开发商District 15的联合创始人，所以改造旧房对他们来说并不陌生。他们热爱自然和文物，对原建筑的古老特色怀有诚挚的情感。考虑到这些，林子设计保留

了公寓内脱落斑驳的混凝土横梁。褪色的玉石及橘色调的梁体与新刷的白色墙面形成鲜明的对比，并与整个空间内橡木黄铜的温暖色调构成了完美搭配。

更重要的是，这对夫妇希望公寓内充盈着独一无二、令人惊喜的元素。"我们将岁月感融入材料，这是非常诗意的一种理念"，林子设计联合创始人林振华（Vincent Lim）如是说，他还补充道，整个空间散发着一种现代工艺无法复制的光泽。

该公寓位于人口密集区域的主干道上，直面对街的公寓和办公室，因此林子设计将重点放在了为室内打造宜人的视觉体验。

一进门，映入眼帘的是一个橡木板条

全高鞋柜，鞋柜中间开有一个以黄铜覆盖的小窗。这个小窗在入口处迎接着主人的归来，透过它可一瞥另一端的开放式厨房。墙面内嵌有框状空间，以展示主人周游各地收集回来的纪念物。

"当踏入这片空间，我们想暂时忘却俗世，远离我们所处的城市"，这是客户的诉求。基于此，林子设计决定将大自然的元素引入空间，将新家变成远离城市喧嚣和快节奏的一片乐土。望向窗户，一眼看到的不再是街对面的公寓和办公室，而是一排葱翠的绿植。空间呈现出简洁、清新且精致的设计美感。温暖橡木、编织柳条和火山岩板等材料的完美搭配，让主人以及到访的客人感觉被带到了一个岛上度假。END

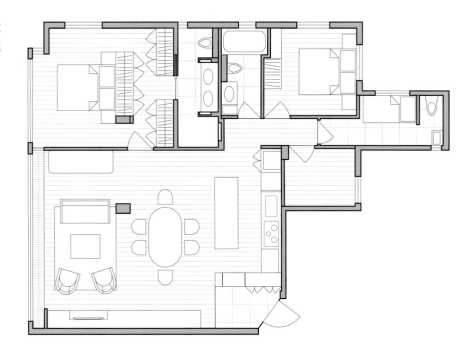

1		4
2	3	5

1 餐厅
2 客厅
3 主卫
4 衡厅
5 主卧

Colourliving 展厅
COLOURLIVING SHOWROOM

| 摄　　影 | Lim+Lu林子设计 |
| 资料提供 | Lim+Lu林子设计 |

地　　点	香港湾仔骆克道333号
设计公司	Lim+Lu林子设计
设 计 师	卢曼子、林振华
项目面积	93m²
竣工时间	2018年9月

1 | 2

1.2 新古典主义的色调背景

作为一家另类的生活方式概念店，Colourliving 云集了欧洲精选的家居家具、配件和生活方式类产品。Lim + Lu 林子设计接受委托，对位于香港湾仔的 Colourliving 旗舰店卫浴展厅进行了重新设计。

在当今的消费驱动型社会中，消费选择极其丰富，这导致多数零售商着眼量大于质。卫浴零售商们普遍的策略，便是在有限的空间展示尽可能多的产品。在土地稀缺且地价昂贵的香港，情况更是如此。然而这种做法却给消费者造成极强烈的压抑感，这些产品密密麻麻排列开来亦失去其独特性。设计师从一开始便提出重新构

想零售体验，为消费者提供一种全新的视角。他们表示，在香港浴室空间设计往往易被忽视。顾客通常更多地为他们的客厅、餐厅和卧室花费心思。但沐浴与清洁对于我们的健康以及生活方式而言极为重要，我们希望通过创造美丽的浴室空间来带动更多人去关注他们的浴室。

因此，他们塑造了七个独特的浴室场景，糅合各种配件、材料、颜色和风格进行展示。这七种场景装饰契合了不同购物者的独特个性，引导他们预想产品在真实生活场景中的效果，同时也为他们如何使用产品提供了灵感。

设计师想要创建现场式的购买目录体验，即消费者视野范围内的所有产品都可购买。为了实现这一构想，他们对 Colourliving 的建筑材料、饰面、卫浴洁具、配件、配饰及照明在内的所有库存进行了梳理。最终，使 Colourliving 所提供的产品得到全面的展示，所有所见都可购买：从浴室的固定装置，到香味扩散器，再到墙上的瓷砖，甚至挂钩和挂钩上的浴袍。从新古典主义的蓝色墙面背景，到带天窗的全混凝土区域，每个场景都运用了不同的材料和色彩方案。活泼的粉色、绿色和金色点缀了整个空间。END

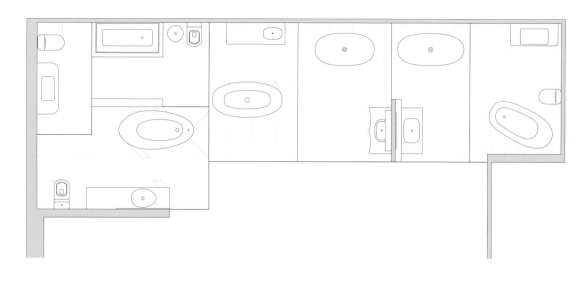

1	4 5
2 3	6

1　平面图
2-6　不同展厅

那漠含风：
真诚的设计，
才能打动人心

撰 文 | 秋分

那漠含风

那漠含风（NA-DECO）是一间年轻而又拥有独特设计基因的工作室，由张宇帆与哈达于 2015 年一同创立，工作室致力于持续创造功能艺术化的空间体验。

两位设计师都出身艺术家庭，但却都报考了商科，哈达毕业于对外经济贸易大学工商管理专业，张宇帆毕业于中央戏剧学院影视制片管理专业。毕业后，二位在艺术和学术背景上的融合产生了戏剧性的结果，共同的爱好也使他们走到了一起。他们没有选择更贴近专业的工作，而是开始探索艺术在商业和生活中的特殊表现——空间设计。

他们摒弃单一的思维路径，希望在满足基本需求之余融合更多元的体验，在精确的空间结构中融入更多矛盾的艺术层次，古老与现代、丰富与简约、浪漫与现实。他们投入大量的理性分析和艺术感知，而每次的尝试都在项目呈现时得到很好的印证，空间中处处细节都能琴瑟和鸣，和谐共存。

ID =《室内设计师》
张 = 张宇帆

ID 谈下自己的求学与从业的经历。

张 我的经历其实很简单，本来是学电影的，从中戏毕业，后来和哈达相识，因为共同的兴趣一起创办那漠含风。哈达是贸大毕业的，虽然学校是 211 名校，但后来的人生，在很长一段时间都在艰难纠正父母包办高校志愿这一事实所带来的结果，他在知名外企工作过，后来又重新回央美学习，哈达所经历的过程可以说是极其神奇却痛苦的。我们俩其实算不上是跨界，只能算是非常鲁莽地遵从了内心，跌跌撞撞地做事而已。

ID 最喜欢，对自己影响最大的设计师有哪些？哪些对你最有启发？

张 Felipe Oliveira Baptista，当然他是做服装设计的。他的设计总是充满矛盾，但却很和谐，这对我们启发很大。

ID 事务所的定位是什么？工作方式是怎样的？

张 希望做 10 人以下的小团队，专注做一个点，专注做不那么谄媚的作品。中国目前有很多设计都过于谄媚，向客户谄媚，更向媒体谄媚，想用一个奇思妙想就能震惊世界。中国从一个审美极度缺失的国家发展到现在，媒体的爆炸使设计师们乱了方寸，似乎哪里都是方向却彻底迷失自我，因此很难在设计中看到真诚。空间设计作品和任何设计作品是一样的，就像服装，在你穿上它的一瞬间，你就能感觉到这个设计是否真诚，你就能决定是否让它来陪伴你。设计需要回归你的内心，专注你想专注的，设计自然会有生命的光彩。

ID 认为设计中最重要的是什么？在设计中，最关注什么？

张 平衡。这里所说的平衡包含很多方面，预算和想法的平衡，商业和审美的平衡，整体和局部的平衡。这其实就是设计的全部工作，也是最重要的，我们无时无刻不在平衡。

ID 最近在做些什么项目？请介绍一下。这些项目与以往相比，会有些什么新的探索与想法。

张 最近我们在尝试一些零售项目，在过程里我们思考的时间更长了，帮助客户更好的赚钱是最终要务。在当下的生态中，零售所面临的挑战要比餐饮大，因此设计的难度也就更大，我们需要考量的维度更多。当把设计放在具体的商业问题中，你会发现设计的方向是有边界的。

ID 当下面临的最大困惑是什么？打算如何解决？

张 我们想在设计中坚守某一类美学的东西，但是这样的结果就是，受众太小，这对于我们这样的小公司来说是极为艰难的。目前暂时还没有找到答案。

ID 谈下对个人以及未来的规划。

张 其实我们曾经每隔一段时间都会做些计划，但后来发现每年的发展过程都和计划走向不一样，似乎是因为人无法预知所有，更无法支配所有，所以后来索性就不太做所谓"宏伟"的计划了。我们做的更多是面对当下的问题，想怎么去解决，解决问题的能力似乎更为重要。人生的走向是被很多偶然的因素所支配的，而不是你自己。如果非要说一个"计划"，那就是不管怎么样要走下去。

ID 除了设计，还会有些什么兴趣爱好？

张 喜欢收藏一些旧物，虽然在别人看起来这都是一些破东西，但我们好像对破旧感有一种痴迷，哈哈。很多人对于破旧有很大的抵触，就好像破旧等同于落伍和贫穷，这是一种旧观念。我们需要重新对过去的东西进行更为客观而综合的审美挖掘，这跟我们仍需要对舶来品进行除媚一样重要。END

茶岚地
THÉ LATITUDE

摄　　影	哈达
资料提供	那漠含风设计

地　　点	南京
建筑面积	60m²
设计公司	那漠含风设计（NA-DECO）
设 计 师	哈达、张宇帆
主要材料	灰泥、胡桃木、花砖
竣工日期	2018年12月

| 1 | 2 |

1 陈列柜

2 紫色成为空间的主要色调

茶岚地位于南京夫子庙步行街内,是那漠含风设计和茶岚地携手打造的南京首家风味茶精品店。不同于传统中国茶行,茶岚地更加强调"世界茶"概念,在世界各地精心挑选好茶,并结合欧洲先进的调茶工艺制作出口感温柔而精致的风味茶。精品店的室内设计具有独特的异域风情,告别中国茶行的古板印象,为当下的年轻人提供更时尚而优雅的购茶体验,更愉悦地了解"世界茶"。

店铺形状狭长,举架很高,而宽度仅3m,易使人感到逼仄压迫,设计师主要运用拱顶来调整空间尺度,并在墙面与拱顶交界处使用镜面,严丝合缝的切割与安装工艺使拱顶在不知不觉中向两侧延伸,使室内的上部空间变得"豁然开朗",并制造了墙壁之外仍"别有洞天"之感。拱顶的设计灵感来自于位于土耳其卡帕多西亚的石洞古迹,顶面与墙面参照石洞的样子

选用了米黄色灰泥,具有柔和的颜色和丰富的肌理,配合暗藏式的照明,给空间奠定了经典基调。

销售空间分割为两个区域,前区陈列当季热销茶品,内区陈列经典茶品以及茶具等。两个区域中央分别放置一个黑色六边形中岛,用来陈列一些限量的礼品套装,并能够有效地引导人流。右侧主货架悬挂在墙面上,将小空间内的陈设处理得很轻盈,货架选用古老的胡桃木色,整体线条简洁明快,金属条镶嵌于接缝处,抽屉上配有经典悬挂式拉手,门板上用斜向排列的半圆形木条进行装饰(直径2cm,每条之间相隔2mm,角度为45°),由经验极为丰富的工匠手工制作完成,效果准确精致,不仅是室内设计的品质表现,更是茶岚地打造百年品牌的匠心所在。主货架巧妙融合了怀旧与现代的风格,这使得上面所陈列的产品也有了自己的性格,宛

如饱经岁月后淡定而美丽的女子。

在雇主与设计师的共同商讨之下,紫色成为了茶岚地的品牌色,不仅用于部分产品包装上,而且大胆地使用在了室内空间。紫色所代表的自信、浪漫、经典非常契合品牌所倡导的"优雅地喝茶"的新风尚。地面小砖上定制了具有东方味道的祥云图案,层层叠叠的弧形正好呼应着上方连续延伸的拱顶,从门口一直铺设到内区边缘,使空间更增添了一份温暖和异域感。

中国拥有世界上最悠久的喝茶历史,但时下喝茶的习惯主要集中于中老年男性,茶岚地用独特的茶品形式以及设计语言,希望将喝茶的习惯渗透到更年轻的消费群体中,让中国茶文化更多元、更有趣。店铺开业后,我们欣喜地收到客户的反馈,消费者中,年轻女性与外籍人士为主要构成部分,这与我们定位年轻市场、传播中国茶文化的设计初衷甚是相符。❑

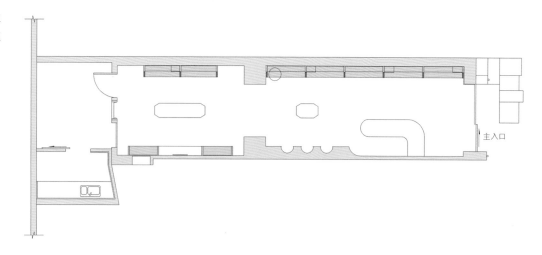

主入口

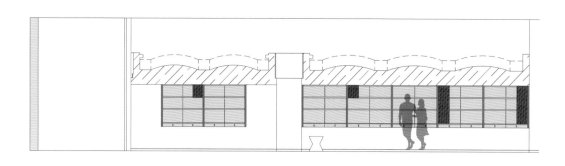

1		5
2		
3	4	6 7

1　平面图

2　剖面图

3　米黄色水泥具柔和的颜色和丰富的肌理

4.5　货架选用古老的胡桃木色

6.7　展示区

岭南花街餐厅
LING-AN ARTISTIC CANTONESE RESTAURANT

摄　　影	窦俞钧
资料提供	那漠含风设计
地　　点	呼和浩特
面　　积	190m²
设计公司	那漠含风设计（NA-DECO）
设 计 师	哈达、张宇帆
竣工时间	2018年10月

1-2 一层开放式厨房用磨砂
    亚克力灯箱包裹

3 一层平面

4 夹层平面

"岭南花街"是一家正宗广式风味餐厅，门店开设于内蒙古呼和浩特市。餐厅创始团队由几位经验丰富却思想极为活跃的"80"后组建，他们极为强调融合和创新能力，因此希望设计方在设计实践上同样能够体现他们的团队文化，餐厅设计须别具一格但不失去传统韵味。

哈达和张宇帆接受了这一任务，他们除了要满足以上核心要求之外，还要考虑预算较低等限制因素，使餐厅既能传达较高的审美，又能帮助业主方在商业上实现盈利。粤菜对于中国人是非常熟悉的，甚至也是被世界美食爱好者所熟知的，在中国大大小小的城市中都能看到这类餐厅的存在。因此，在概念上能达到"意料之外、情理之中"是极具挑战但又极为有趣的事情。设计方在空间中大面积使用 Aqua 色，

与粤式传统色既有关联又有区分，视觉感受浓烈但绝不沉闷，祖母绿的小砖和胡桃木的家具增添了一点年代质感；在背景的衬托下，金黄色的窗帘显得格外耀眼，更提供了温暖的就餐体验。色彩的精准选择在空间中起到了非常关键的作用，能迅速激发就餐者的地域认同，并解决因预算有限而无法大面积使用名贵材料的问题。

门店位置虽处商业核心，但问题也是令人头疼的，门面较小、场地纵深太长、采光欠佳，最致命的是没有后厨区域和排风系统，因此考虑实际排风，只能将厨房布置在离门面较近的位置。设计方巧妙地设计了一个由抽象线条勾勒的巨大发光体，将一层、二层的厨房全部包裹起来，让通常不承担审美功能的厨房区域反而成为了视觉中心，它不是遮盖厨房区域，而

是让厨房区域彻底成为了艺术化的个体，不仅能通过高亮度吸引路人关注，解决了门面小所带来的存在感弱的问题，还因抽象化的造型打破了由色彩构建的和谐氛围。厨师在操作区的工作状态，被室外和室内的目光所注视，对于厨房区域的反客为主的处理方式，使餐厅不经意间表露了对于菜品品质的自信。

空间没有新奇的装饰材料，没有华而不实的装置结构，整体朴实却让人记忆深刻，因为这里充满了戏剧性冲突，柔软和硬朗、复古和现代、抽象和具象，但却能明确地传递简约和浪漫，"岭南花街"是设计方那漠含风所秉持的设计哲学的又一次绽放。餐厅开业后的大幅盈利，再一次证明商业设计必须考量商业效用和接受程度，它绝不是傲慢无脑的学生实验。END

WE may not speak CANTONESE,

but WE love CANTONESE food!

1.2　色彩搭配具戏剧性

3.4　室内整理朴实却让人记忆深刻

5　玻璃营造室内温馨氛围

孙浩晨：
用眼发现，
用心创造

撰 文 ┃ 秋分

孙浩晨

曾在日本 MAO 一级建筑事务所工作；
2015 年和张雷共同创立目心设计研究室。

曾获奖项

2015 搜狐焦点设计新力量全国金奖；
2015 中国室内设计金堂奖 优秀办公空间奖；
2015 金外滩奖入围奖；
2015 艾特奖 优秀作品奖；
2016 中国（上海）室内总评榜 最佳办公空间奖；
2016 太平洋家居 PCHOUSE TOP 100；
2016 第十四届现代装饰国际传媒奖；
2016 入选《中国室内设计年鉴》；
2016 IADA 国际艺术设计大赛（互艺奖）；
2016"GOOOOD" 20 位有趣的设计师代表 "；
2017 亚太空间设计大奖赛一等奖；
2017"DOMUS" " 创意青年 100+；
2017 中国设计星全国亚军；
2017 艾特奖；
2018 入选《Wallpaper》特辑 ——Shanghai sprawling；
2018 德国标志性设计奖 ICONIC AWARDS；
2019 德国 GDA（German Design Award）国家设计大奖；
2019 多乐士大中华区空间色彩大赛金奖。

ID =《室内设计师》

孙 = 孙浩晨

ID 谈下自己的求学与从业的经历吧。

孙 2009年-2013在东华大学求学；2013年-2015年在日本MAO一级建筑事务所工作；2015年至今，在做上海目心设计研究室。

ID 最喜欢，对自己影响最大的设计师有哪些？哪些对你最有启发？

孙 库哈斯，兼具OMA和AMO，反复论证理论和实践。

ID 事务所的定位是什么？

孙 目心设计研究室是一家立足于中国上海的多元化建筑设计事务所，提供国际化的建筑、室内、平面及产品设计服务。"目心"意为"用眼发现，用心创造"，主张利用建筑逻辑性结合艺术语言将每个项目特有的性格、外形及空间展示出来。目心设计研究室由一群对设计充满热情的年轻人组成，力求成为当代中国最有影响力的新锐建筑事务所之一。

ID 你们的工作方式是怎样的？

孙 我们的设计无论内容还是范围都不拘一格：从项目策划到小型建筑、室内设计到产品设计，我们的工作兴趣和实践策略丰富而灵活。

ID 你认为设计中最重要的是什么？在设计中，最关注什么？

孙 我们更关注人和人、人和空间的关系，这是一种氛围，而非空间本身的实体感。我们想要做能"创造关系"的设计，而这些关系都是围绕人而产生的，人和人的行为是我们设计中的一个很重要的因素，所以我们更加力求体现人们在我们的空间中有怎样的体验，以最直接的方式来表达想法，而不是通过具体的形状或形象。方案的推敲过程中，我们尽量选择有最多可能性的方向进行设计，设计的可能性对我们来说，也意味着多样性和灵活性的增加。

ID 最近在做些什么项目？请介绍一下。这些项目与以往相比，会有些什么新的探索与想法。

孙 一个家具展厅和一个海边空中泳池别墅。一个是传统的零售业态转型，设计的范围会更加扩大，商业的策划和思考与以往项目相比会更多一些；另一个是私人住宅，对于生活方式的思考会更多一些。

ID 当下面临的最大困惑是什么？打算如何解决？

孙 提升自己的管理经验。以前可能工作室比较小，所有事情亲力亲为，一个人或者两个人做就可以了，但现在由于工作室在不断地发展，我们的项目也越来越高标准、高要求。服务的客户也越来越专业，并且我们想呈现的内容也越来越多样化，那么对团队的标准需求更高，这时候光靠一个人是不够的，所以更多地希望打造一个强大的团队，为客户提供更加专业的设计服务。目前在管理方面我还是比较欠缺的，所以最近也在做这方面的提升。

ID 谈下对个人以及未来的规划。

孙 希望能够在设计研究和设计实践上有一些落地的思考吧。

ID 除了设计，还会有些什么兴趣爱好？

孙 吉他和网球。END

童心塑造玩趣空间
SPACE FOR CHILDREN

摄　　影	张大齐
资料提供	目心设计研究室

地　　点	上海市南汇区
设计公司	目心设计研究室
合 伙 人	张雷、孙浩晨
设计团队	张仪烨、姜大伟、张书航
建筑面积	108m²
设计时间	2017年9月~2017年10月
施工时间	2017年11月~2017年12月

1　流线型的书架隔断与柔软的地面

2　高低错落的阶梯，可作为座椅的中心书架

"儿童的生命是无限的。"在大文豪罗曼·罗兰的眼里，谁要是能看透孩子的生命，就能看到湮埋在阴影中的世界。当我们接手这个项目，感觉为孩子们创造一个玩趣空间，真的责任重大。

我们对儿童的行为和心理模式进行了一番研究，并对多个儿童空间进行了调研与体验，基于这些认知，我们决定摒弃目前各种具象生硬、过度装饰、浮于表面且缺乏想象力的儿童空间设计手法，转而从空间形态本身的趣味性出发，将整个空间本身打造成一个巨大的玩具，用童心塑造一个玩趣的空间，让孩子们毫无束缚地、自发地去探索、发掘和创造属于自己的趣味空间和生动体验。

整个空间的设计灵感，取自于所有儿童熟悉且热衷的简单游戏：吹泡泡。我们将若干个功能空间，按照其相应尺度，像肥皂泡泡般融合在一起。使这些不同功能的空间能彼此融合互渗——既令各部分结合为空间形象的整体，又确保了各功能空间能在边界处进行视线交流与身体互动。

虽然只是小小的尺度，却也创造出多种形式和层级的空间形态，开放与独立、共享与私密、室内与室外，不同的空间体验在这里有机结合。

我们在空间的不同领域进行设置的限定，引导孩子们自发地探索自由与隐私的界限，促成其个性的发展。整个玩趣空间拥有多变的空间类型，这样不仅可为孩子们提供探索的动力，也丰富了儿童间嬉戏与互动的方式。不同的空间承载不同的活动，也最大限度兼顾了外向与内向不同性格特质孩子的需求。设计师希望通过对空间的塑型创造出符合儿童特质的体验场所，从而激发儿童的想象力与创造力。

儿童的健康成长离不开安全且高品质的活动空间。本案运用柔和曲线作为基础的设计语言，借助流畅婉转的隔断墙体分割不同的空间，给儿童带来趣味性体验的同时，尽可能地减少直角、直线等硬质边角的存在，从而给予孩子们更好的保护。设计师在空间塑形中，始终贯彻对儿童尺

度的考量，在有限的空间和层高环境里，设计了多个高低错落的阶梯、兼具座椅功能的书架、蜿蜒起伏的坡道、高度合宜的拱形门洞，所有的尺度皆以儿童的身体尺寸作为依据，不仅满足了他们爬上爬下、躲躲藏藏的天性，又保障了他们的安全。

3岁到7岁的学龄前儿童，正处于主观世界向客观世界发展的阶段，对空间的观感最为敏锐，因为我们将整个空间设计得更加具有变化性和流动性，让孩子在感知和交往能力上得到拓展，满足天性所需。

儿童好比花园里的花木，具有内在生长的能力，他们的自我认知，由内而外展现出来。学习的作用，意在于开展和发掘其天赋和潜力。为了给孩子提供更亲近大自然的成长环境，我们特意以木材作为主要材质，搭配白色的装饰，再以柔软的灰色室内地胶打底，空间的各个边界更是设置了多种绿色植被，从而使空间与周边植物环境形成和谐共生的面貌。END

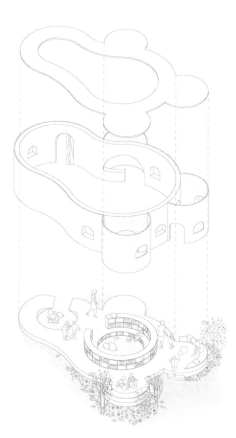

1 2	4 5
3	6 7

1 　平面图

2 　剖面图

3 　流畅婉转的隔断墙体

4 　流线型的开放阅读区

5 　彼此融合互渗的空间

6 　拱门外的环形过道

7 　绿色植物从"室外"透进来

尖微外滩酒店
THE JUMP HOTEL AT BUND

摄　影	张大齐
资料提供	目心设计

地　点	上海市黄浦区
面　积	680m²
合 伙 人	张雷、孙浩展
设 计 师	姜大伟、张书航
设计日期	2016 年 11 月~2017 年 2 月
施工日期	2017 年 3 月~2017 年 5 月

THE JUMP HOTEL AT BUND

1　徜徉在酒店的走廊，意想不到的空间视觉组合带来惊喜
2　酒店外立面

所谓"新"，未必是要去寻找全新的东西，把已有的东西进行调整，令其产生更大的意义，也是一种"新"。这样的新，让曾经与当下相互交织，积淀岁月的痕迹，创造出丰富的空间层次。

尖微外滩酒店坐落在上海外滩及豫园一隅，是一座仅有 21 间客房的四层精品酒店。三层楼高的原建筑是建造于 20 世纪 40 年代的上海电报厂。酒店临近豫园，与闪烁着璀璨灯光的外滩中心相对。目心设计研究室对这一建筑的改造理念是"新"与"旧"的融合和鲜明对照。原有的混凝土结构大部分被保留，还原出"旧"的风貌，并加入大量细腻的水磨石，呈现"新"的面貌，这样的一旧一新，成就了粗糙和细腻的对比，仿佛在诉说着传统电报行业与现代化信息社会的变革。同时，对原建筑露台的改造，不仅与旧城民居产生了现代与传统在情感上的共鸣，更为整个酒店赋予了历史和本土文化的基调。

设计师运用再创造的手法，处理室内和室外空间，公共与私密空间的关系，在尊重原有场地的前提下创造出一种新鲜感，并让每间客房都与众不同，让那些厌倦了城市商务酒店、渴望拥有与众不同空间体验的客人，耳目一新。同时，客人也能在从室外步行至客房的路径中，感受多重的体验。

徜徉在酒店的走廊，意想不到的空间视觉组合带来惊喜，同时也让酒店客人置于一种好奇感的状态之中——一种由视觉走廊和多样化居住体验所带来的，关于上海独特空间的风味。

作为步行城市一部分的小型精品酒店，一切始于一场封闭的设计命题。客户的初始需求简单而直接，在预算有限的前提下，他们不想改造建筑外立面，希望呈现一个简单、却可以让人们轻松记住这座城市的酒店，一家独一无二的精品酒店。

在这样的主导意念下，酒店的整体设计理念采用了尊重原始条件的方式。将现有局促的公共空间，创意为不同的序列和更多的空间体验，走廊不规则的灯带序列削弱了原始空间的曲折感，而框景式的灯带排列更是一个直观的实验，提升每一个入住者的好奇心。

与普通的酒店类型不同，该项目的原始自然采光和通风都不充足，这也迫使我们更多地考虑要如何增加房间的舒适度及趣味性，尤其是在房间的布局上，我们采用了不同的策略。例如，一部分的房间使用了"园林"的概念；将浴缸置于房间的正中央，这样使得每个视角都能均衡受益，开放式的浴室同时获得良好的日光和室外新鲜空气，从而营造出通风的感觉和更多的呼吸空间。

空间的配色方案，灵感来自于大自然，如木材、水磨石以及暴露的水泥。工人在项目现场进行水磨石的颜色混合过程、模塑与干燥。在设计和施工过程中，设计师更是尽量利用可再生材料，减少能源消耗，减少运输成本，减少污染。

```
| 1  2 | 6  |
| 3 4 5| 7 8|
```

1.2 空间的配色方案，灵感来自于大自然，如木材、水磨石以及暴露的水泥

3 从落地窗透望酒店前台区域

4 工人现场调配颜色的水磨石，并进行模塑与干燥，成为空间中的一大亮点

5 原有的混凝土结构大部分被保留

6.8 房间运用不同策略的布局，增加舒适度和趣味性，弥补原始自然采光和通风的不足

7 走廊不规则的灯带序列削弱了原始空间的曲折感

谢培河：
为了设计本身，
而去做设计

撰 文 ┃ 秋分

谢培河

高级室内建筑师，艾克建筑设计（AD ARCHITECTURE）创始人及总设计师，致力于室内建筑空间的创造及空间体验性的营造。一贯坚持设计从生活中来的理念，以理性的设计手法，提取感性的设计灵感，让每一个设计都从零开始，喜欢打破惯性的设计思维，希望让人感受每一个空间不同的体验与乐趣。

曾获奖项

2019 Red Dot Design Awards 红点设计大奖（德国）

2019 Frame Awards（荷兰）；

2018 Best of Year Awards 大奖（美国）；

2018 Architecture MasterPrize（AAP）年度大奖（美国）；

2018 FX International Interior Design Awards（英国）；

2018 A`Design Award 设计大奖（意大利）；

2018 国际传媒奖办公空间年度大奖（中国深圳）；

2018 40Under40 Awards（中国香港）；

2017 亚太室内设计大奖赛住宅铜奖（中国香港）；

2017 艾特全球设计大奖（中国深圳）；

2017 IAI 全球设计大奖（中国上海）。

ID =《室内设计师》

谢 = 谢培河

ID 谈下自己的求学与从业的经历。

谢 从小习画，2004 年毕业于澄海华侨中学艺术特长班，2008 年毕业于广东技术师范大学（原广东民族学院），2008-2013 年在广州城市组开始我对设计的实践，期间参与了上海世博会中国馆、广州新天希尔顿、澳门大学琴横岛校区、广晟国际大厦、广州银行等项目。2014 年底创立了艾克建筑，继续在设计道路上的探究。2018 年底，刚好是我参与工作 10 年时间，艾克建筑（深圳）创意部成立。

ID 最喜欢，对自己影响最大的设计师有哪些？哪些对你最有启发？

谢 巴拉干设计的每一个场所都赋予了他们空间的感情，我们可以从作品看到这种丰富的表情。还有马岩松老师，他的山水城市，很好地诠释了建筑与环境的关系，当然最能打动人的是他身上作为建筑师的使命感。这也是激励着我们要去做好自己的动力。

ID 事务所的定位是什么？工作方式是怎样的？

谢 我们的定位是在设计道路上做一个有探究的设计团队。我们是通过 3D，SU 等三维方式来推敲设计，好玩的项目我们也会做一些模型来推敲项目的形体关系。

ID 认为设计中最重要的是什么？在设计中，最关注什么？

谢 我认为设计中最重要的是创造。在设计中我们关注人在空间中的行为，同时，我们更关注的是人在空间中的感受，与感性的情绪。

ID 最近在做些什么项目？请介绍一下。这些项目与以往相比，会有些什么新的探索与想法。

谢 我们最近在做一个退伍老兵在深山里的房子，这是一个由建筑到室内一体化的设计。我觉得这个项目跟以往相比，更具意义——项目本身就有特殊性，而且可以从根本处去关心人。很开心能做这样一件事情，不用为了生存得更好，仅仅是为了设计本身而去做设计。

ID 当下面临的最大困惑是什么？打算如何解决？

谢 最大的困惑是怎么让自己的设计梦想去影响团队，让大家有个共同的梦想。解决的方式，我一直坚持先做好自己，不能说已经找到正确的答案，但我们一直在进步。

ID 谈下对个人以及未来的规划。

谢 做好当下就是对未来最好的规划，所以我没有想得很长，但是我知道明天要做什么，其实我们说到底就是要把一件事情做好就够了。

ID 除了设计，还会有些什么兴趣爱好？

谢 听歌，旅游。■

X游戏形色界办公室
XZONE OFFICE

摄　影	欧阳云
资料提供	艾克建筑设计

地　点	广东省汕头市
设计单位	艾克建筑设计
总设计师	谢培河
设计团队	艾克创意
施工团队	艾克工程
建筑面积	280m²
设计时间	2018年5月
竣工时间	2018年7月

1 开放办公区

2 休闲接待区

世界看似平静，却暗藏许多未知的可能，既和谐又矛盾。当人们放任自由，回归真我，不克制躁动的勇气，就能越过心中的界。矛盾、形式、构成、极致一同涌上，就如当下的人，既简单又复杂——这一切，构成了我们关于代表"未知"意义的X，所引发的理解，无论是静是燥，是同是异，终究是不被界定。

基于这样的思考，艾克建筑设计过滤人们心中的顾忌，创造躁动的"界"，跨越现实与理想，突破惯性思维，沉淀潜意识的力量，为"形色界"办公室探索出属于另一个未知的"界"。设计师通过在空间中强调方与圆的对比和冲突，配合极致的材料与形态的构成，辅佐克制的色彩与抽象的理念，将所有的思考付诸实现，创造性地表达出一个未知的游戏孕育之地。

整个办公空间以方盒子作为主要框架，交谈区的半圆与单一几何体块共生共存，开放的形态延伸到顶上的圆球，形成不同边界的交汇。通过材质的关联，以及顶棚与地面的分割，空间的一致性被打破了。顶棚保留了原建筑的钢筋结构，看似孤立的元素却无心成了最躁动的存在。通过原始的粗犷与细腻的形态构成，整个空间看上去都是自由的表达，既对立而又协调。

从色界极端入手，设计师大胆地进行尝试，展现克制与躁动的较量，交织出与情绪相辅的空间感受，促进情感交流与思想碰撞，符合人的行为特征。设计师提炼出冷静的色彩加诸空间整体的表现上，并采用了具备无限张力的留白处理。点缀跳脱的红与粉，令其成为整个未知空间中躁动的原点。界线分明的会议区空间，展露

出克制的纯与空——处于色界极端的白，搭配红色沙发与粉色板块，是一种激进的表达，完全抛开了界的比例，对比鲜明。

在整体视觉上，这个办公空间呈现出自由、模糊、突破、往外延伸的面貌，示意着每场"未知"游戏的开始，就犹如城市中的一座游乐场，每天都在营业。所有的未知，独立于"界"之外，成为虚幻意象的根源，而这也促成了我们去探索不被限定的界。在感观愉悦不断被追捧的当下，我们试图用陌生、审视的目光注视这座创造幻想与梦境的"城市游乐场"，拯救逐渐被弱化的意志力与注意力，让整个创造未知的空间，不被染上扼杀兴趣的标签，消解愿意接受的"抑郁"。

工作于此间，未知的永远在躁动，无拘界限。ᴇɴᴅ

I 会议室

2 平面图

3 开放办公区

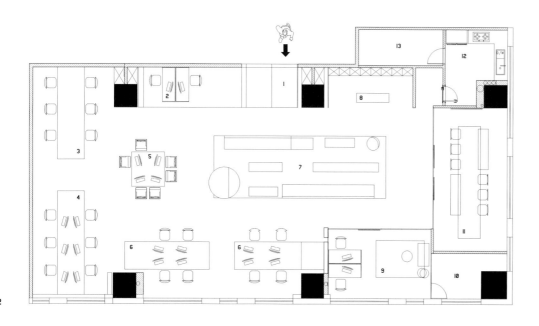

I 主入口

2 插画

3 制作／策划

4 设计

5 操作

6 客服

7 接待／洽谈

8 展示区

9 办公室

10 资料室

11 会议室兼餐厅

12 厨房

13 储藏室

维瑟尔塔
VESSEL @ HUDSON YARDS

资料提供 | Heatherwick Studio

地　　点 | 美国纽约哈德逊园区
项目设计 | Heatherwick Studio
设计总监 | Thomas Heatherwick
面　　积 | 2210m²（高度/45.7m）
竣工时间 | 2019年3月

1　维瑟尔塔全貌（©Michael Moran）
2　项目局部（©Francis Dzikowski）

　　位于纽约哈德逊园区的维瑟尔塔，是一个16层高的圆形攀爬结构，拥有2,465级台阶和80个楼梯的平台，作为哈德逊园区主要公共广场上的新型公共地标，能俯瞰哈德逊河和曼哈顿的维瑟尔塔已成为该广场的核心象征。哈德逊园区是美国历史上最大的房地产项目之一，旨在将曼哈顿上西区的一个老火车站改造成全新的社区，并打造一系列总面积超过5英亩（≈2.02万 m²）的新型公共空间和花园。

　　Heatherwick Studio 建筑事务所接受委托，为整个园区设计一个地标，吸引游客的同时，还能在曼哈顿中创造一个全新的聚会场所。建筑师所面临的最大挑战是如何创造出一个令人难忘的、不会被周围大尺度的高层建筑群淹没，并且能够适应火车站台上方的新型公共空间的体量。

　　通过多角度、多方位的探索，建筑师首先将本项目限定在一个较小的框架内：它应该是一个令人难忘的单体建筑，而不是一系列分散在整个大空间内的建筑体量；它不应该是一个死板的静态雕塑，而应该是一个充满乐趣的社交场所，从而鼓励人们参与其中，进行各式各样的活动。

　　观察城市中人们自然聚集的地方，最基础的公共设施通常都是非常简单的结构 —— 楼梯，比如罗马著名的西班牙阶梯。为了对楼梯这种简单的公共结构类型进行进一步的探索，在 Thomas Heatherwick 的带领下，整个设计团队专门研究了传统的印度阶梯井 —— 这个阶梯井结构由一个错综复杂的石阶网络组成，因此，即使水库中的水位发生变化，人们仍然可以到达它的表面。然而，就像圆形剧场一样，印度阶梯井的焦点在于其井状的结构形式，但在本项目中，建筑师希望创造一种既外向又内向的空间体验。

　　通过将台阶之间的虚空间打开来创建一个三维的格架，将公共广场在垂直方向上向上拉伸，从而创造出总长超过一英里的步行路径，为游客和市民提供多种探索的途经。为了给这个拥有着154个相互连接的梯段的"台阶井"创造一个连续的几何图案，建筑师决定将本项目打造为一个自承重的结构，即不需要额外的柱子和梁，而这就需要一个谨慎的、精心设计的结构解决方案。

　　最终，建筑师通过在每对楼梯之间插入一根钢脊来解决这个难题，同时在"向上"和"向下"的结构之间形成一种自然的区分。该结构所使用的未经处理的焊接钢材直接暴露在大众的视野中，使本项目具有高度的透明性和完整性，此外，楼梯下方的空间采用深铜色调的金属饰面，将本结构与周围的建筑区别开来。

　　从节点结构到扶手，维瑟尔塔的每个元素都是专门定制的。75个巨大的钢构件由来自威尼斯的专业制造商 Cimolai 制造生产，然后通过六艘驳船从意大利运至哈德逊河，随后在基地进行了为期三年的组装工程。

　　尽管维瑟尔塔是一个大规模的结构，但实际上，它是完完全全按照人的尺度进行设计的，为身在纽约的居民和游客提供了一个可以攀爬、探索和享受的简单结构，同时通过人们的活动和下方广场的反射使其自身充满活力。END

1　项目局部（©Getty Images）

2　从维瑟尔塔内部仰视（©Michael Moran）

3　楼梯和扶手局部（©Getty Images）

4　朝向哈德逊河的景观视野（©Michael Moran）

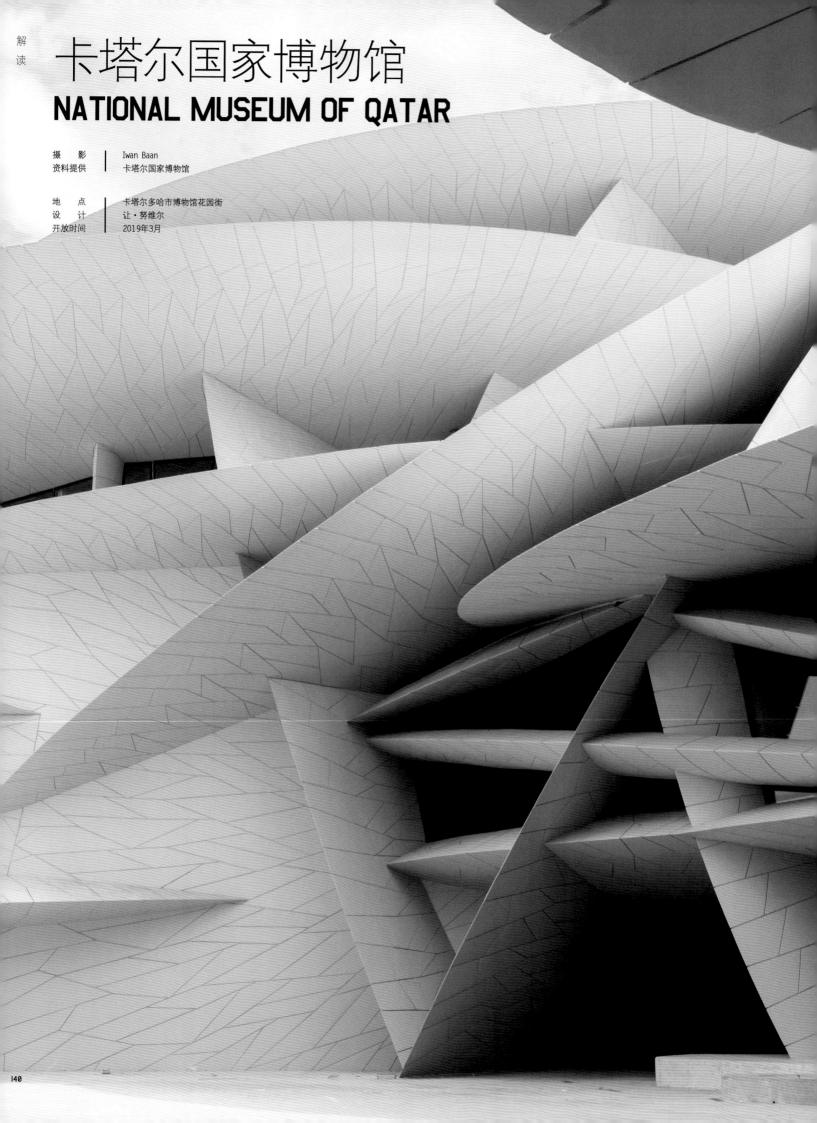

解读

卡塔尔国家博物馆
NATIONAL MUSEUM OF QATAR

| 摄　　影 | Iwan Baan |
| 资料提供 | 卡塔尔国家博物馆 |

地　　点	卡塔尔多哈市博物馆花园街
设　　计	让·努维尔
开放时间	2019年3月

1 "沙漠玫瑰"的建筑构型

2 博物馆鸟瞰图

卡塔尔国家博物馆于 2019 年 3 月 28 日正式向公众亮相。名师让·努维尔 (Jean Nouvel) 凭着这座建筑杰作，为全球访客带来无与伦比的沉浸式体验。

卡塔尔国家博物馆内蜿蜒的展馆长廊长 1.5km，透过一系列独特且包罗万象的环境，带领访客步入一场旅途，从建筑空间、音乐、诗歌、口述史学、气味、考古文物、画作、纪念艺术电影等，生动演绎着属于卡塔尔的故事。馆内的 11 个陈列展馆，带领访客穿越卡塔尔从数百万年前的一个半岛，演变成今天现代多元的国际城市的一段漫长历史。卡塔尔国家博物馆不但展现了这个国家丰富的文化历史和卡塔尔人的美好理想，同时促进探索、创意和社区交流，为当地提供多样的教育机会，更将卡塔尔国家的文化愿景推向国际舞台。

壮观的卡塔尔国家博物馆占地 52000㎡，其核心组成部分是曾被现代卡塔尔的创始人之子 Sheikh Abdullah bin Jassim Al Thani 殿下 (1880-1957) 修缮的宫殿，历史悠久。这里在改建为原有的国家博物馆前也曾是皇家住所和政府所在地，现在被誉为全新的卡塔尔国家博物馆中最耀目的亮点。

在设计过程中，让·努维尔从波斯地区"沙漠玫瑰"这一神奇的自然现象汲取灵感，"沙漠玫瑰"是由沙漠表面下的盐水层中发现的结晶砂等矿物质组成，因形似玫瑰而得名。让·努维尔这样形容"这是第一个由大自然创造的建筑结构"。"沙漠玫瑰"是建筑结构的模型，尺寸和弯曲度不同的圆盘交错，垂直结构起到支撑作用，横向错落叠加，如项链一般环绕着整座博物馆。Baraha 中庭坐落在展馆区中心，是连接户外文化活动的聚集点。

外观上，博物馆沙漠色的混泥土结构与沙漠环境相得益彰，建筑仿佛破土而出。内部环环相扣的圆盘结构，形成不规则曲面的墙面。

建筑师让·努维尔表示："将'沙漠玫瑰'作为建筑设计的基础，是一个非常超前的想法，甚至是乌托邦的想法。为建造这个外形如"沙漠玫瑰"充满巨型曲面圆盘、交错和悬臂结构的建筑，我们面对巨大的技术挑战。和卡塔尔一样，这座建筑采用了大量超前的技术。因此，它创造了一种融合建筑、空间和感官的独一无二的体验。"

同时，建筑采用大量可持续性环保的设计元素，提供自然遮阳的悬臂式圆盘便是其中之一，令卡塔尔国家博物馆成为首个获得 LEED 金级认证以及全球可持续性评估体系四星级评级的博物馆。END

卡塔尔国家博物馆

1　主入口
2　"卡塔尔"的形成
3　"自然风貌"展厅
4　"考古发现"展厅
5　"卡塔尔人"展厅
6　"沙漠生活"展厅
7　"海岸生活"展厅
8　"珍珠和庆典"展厅
9　"卡塔尔现代史"展厅
10　"今日卡塔尔"展厅

1 博物馆沙漠色的混泥土结构与沙漠环境相得益彰

2 平面图

3.4 "沙漠玫瑰"的建筑结构，由尺寸和弯曲度不同的
圆盘交错而成，垂直结构起到支撑作用，横向错
落叠加，如项链一般环绕着整座博物馆

5 建筑采用大量可持续性环保的设计元素，提供自
然遮阳的悬臂式圆盘便是其中之一

建筑设计与教育
——王受之、严迅奇、何健翔对谈录

文字整理 ｜ 郑紫嫣
资料提供 ｜ 王受之

继"南王北柳"王受之、柳冠中进行有关中国设计教育的对话后（文章刊登于《室内设计师69》"对谈"栏目），2018年11月16日，王受之、严迅奇、何健翔于深圳满京华艺展中心进行了关于"建筑设计与教育"的第二次对谈，本文摘录了其中主要的精彩内容。

王受之

国内现代设计和现代设计教育的重要奠基人之一，在美国从事设计教育30多年，教学经历几乎遍及美国所有艺术设计高校。1987年作为美国富布赖特学者，在宾夕法尼亚州立大学西贾斯特学院和威斯康辛大学麦迪森学院从事设计理论研究和教学，1988年开始在美国设计教育最权威的学府——洛杉矶帕萨迪纳艺术中心设计学院担任设计理论教学，1993年升任为全职终身教授。

严迅奇

国际上享负盛名的香港建筑大师，

20多岁就成为"巴黎歌剧院"竞赛三个冠军之一，

被誉为"建筑界的神童"，

香港九龙文化中心、香港特区政府总部、广州博物馆、广州图书馆等建筑设计均出自严先生之手。

何健翔

广州独立建筑师和城市学者；

广州美术学院实验艺术系客座硕士导师；

2007年正式成组建源计划建筑师事务所；

重点设计和研究珠三角城市历史和记忆保护更新。

王 = 干受之

严 = 严迅奇

何 = 何健翔

王 今天很高兴请到严迅奇先生。他的很多建筑很现代主义，又不是那么刻板，做到这样是很难的，但严迅奇老师做到了。今天我们先从教育开始。严先生，你是什么时候学的建筑，是怎么去学建筑的？

严 我是 20 世纪 70 年代进入香港大学建筑系的。香港有其独特的历史，我们是受殖民地教育，在那时，没有多少人知道什么是建筑。工程师和建筑师的分别，10 个人中有 9 个人不知道。那个时候，是所有大学都考不上，才去读建筑系。我进去的时候，一个班大约 40 人。

王 当时有多少老师，老师和学生的比例是多少？用什么教学方法，你应该还有些印象吧。

严 一个班两个导师，算下来也就是 10 多个学生。我在香港大学读建筑的过程是比较特别的，也跟香港历史有关。"二战"后西方还是在争论现代主义、古典主义，没有一个很明确的胜利者，尤其是英国、欧洲那边。但是香港毫无争议地接受了现代主义，这跟香港人的文化精神很有关系。香港人讲究实用、经济效益，并且有效率，这肯定就是现代主义，又简单、又简洁是最正确的。所以我进入香港大学读建筑系时，对现代主义没有任何争议。

那几年香港大学建筑的教育很注重一样东西，对我终身受用，就是解决问题，这是英国传统建筑教育的重点。今天很多已经不是这样，解决问题已经不受重视。可能从那个时候开始，我的信念就是 —— 建筑是一个解决问题的艺术。

王 香港大学建筑系这个传统到现在有没有保留下来？

严 我判断是有的。我毕业后，一直到今天，香港大学经历了很多方向性的探讨转变。可能何健翔更熟悉，因为他近期在香港大学都有相当多的参与。

王 刚才严老师讲的这个，对我来说受到了很大教育。我一直以为香港大学建筑是在"抗战"以前就有的，但按照严老师回忆是那以后才有的。"二战"结束后，欧洲有很多国家还没有搞清楚建筑应该走哪条路，在现代主义、新古典主义当中徘徊。香港由于战后的重建，一口气就把现代主义拿进来，没有任何疑问。所谓现代主义对严老师来说就是解决问题，他读书整个过程就是解决问题的过程。后面很多所谓的概念，比如后现代主义、解构主义、现代主义、新古典主义都是在毕业后才去了解的，读书的时候他完全就是解决问题。上课并不重要，主要是课后做作业的时间起到了关键的解决问题的作用，老师在其中很关键。

现在请问何健翔老师，他教学经历比较复杂。他是华南理工大学建筑学院毕业的，之后又去了比利时读建筑。第一个问题是，华南理工大学建筑学院，代表了中国的一种主流，它和你在西方比利时的教育体系有什么区别、最本质区别在什么地方？对你的感触最大的是什么？

何 这个问题不是一两句话能说清楚的，我这里追溯一点源头。中国的建筑教育早期基本上有两个源头，一个是西欧的，比如华南理工大学跟德国的系统还是有一些渊源，好几位老师都是在德国有学习的经历后再回来办学；另外一个源头是日本，所以它的技术源头还是比较明显的。国内大部分院校都是放在工科范畴里，这是显然的，但是这个过程跟我们社会环境也有关系，技术问题变得政治化，不再是学术探讨问题，一定程度上是源头被弱化。

我们学习那个阶段，包括学习之前的那个阶段，口头上可能讲的还是现代功能主义。谈论的功能主义还是有缺失，它不是一个完整的现代主义，现代主义不仅包含纯粹务实地把这个事情做成，还包含其他的比如科学、理性，就是所有对问题追根溯源的技术追问，这块非常缺失，所以就变成很简单化地解决问题。尤其我们入学时，改革开放，经济发展，它的紧迫性表现为需要非常快速地建造，建筑里要求的严谨性、逻辑性反而相对就没了，就是被切割掉的一个现代主义。

所以我们学了之后总觉得这个东西缺了什么，你去工作，到设计院、到市场上可能可以很快应付，问题是这个东西缺少了建筑所需要的，就是我们所说的现代主义真的不是简单地有人给钱然后你把这个房子建起来那么简单，还有很多科学的追问、科学的思考在里头，这块是比较缺失的。

王 严迅奇老师，你在香港大学毕业后，你的工作经历对你一定有很大的磨炼，最早的工作是不是先进入一个设计事务所，然后自己再成立公司？

严 我想这是一个建筑师必经的道路，要先去一个事务所学到所需要的经验。

王 那个时候找工作难不难？最开始接触的项目是什么类型的比较多？

严 不难，每年建筑系学生大概40人，碰巧香港开始发展，速度比较快，所以找工作不难。但做到好的项目，就不是那么容易。我是比较幸运的，一进入一家公司，项目就是香港大学的一个宿舍，不是商业型的项目。公司觉得我刚毕业，可能很熟悉这个场所、大学的文化，做这类项目比较适合，所以我有机会第一个项目就做学生宿舍。

王 我知道你后来又参与了香港中文大学

的项目。这些建筑都是靠山的，大部分建筑师都没有做过山地的处理。

严 也不是这样，很多建筑师都有这个机会。不过香港的地理环境决定很多时候你需要在建筑跟山地的结合上用一些心思。大学的校园在山上，甚至商业建筑也都在山脚，需要利用山势跟建筑的结合，做出一种方便人流、方便自然与建筑结合的空间。所以一直做下去，对这方面我是比较有兴趣的。

王 你在成立建筑事务所之前大概做了多久？多大年纪开始成立建筑事务所？

严 第三年。这都是机遇，那个时候香港开始发展，也开始讲究设计。到我毕业的年代，开始有少量的人对设计有所追求。虽然经验不多、人脉不广，但也可以做一些需要新思维、新想法的建筑，因此我有机会成立自己的事务所。

王 那时做宿舍或者其他建筑，都是用你纯粹的现代主义的方式做，有没有试图有一些风格上的改变？

严 我离开香港大学那一年，香港大学就开始转变了，因为有一个新的系主任，他以前在普林斯顿。我离开港大后，后现代主义开始在欧洲、美洲风行。他来到之后，将我们没有接触过的思想、理论带入，令到我们开始思考。我毕业的时候，就碰到有这样的思想，所以作品也需要有这样的思维，去推敲每一个项目到底是用什

么路线、准则去做，适合香港发展的情况，也都适合非欧美，而是东西交杂的城市的期望。

王 你开始出来有自己的事务所，接受了来自普林斯顿教授的后现代思想，同时在作品里开始思考这些问题。大家普遍都会有一个挑战，业主的情况是怎么样，你有没有办法说服他支持你的设计？

严 大家都知道业主有很多种类，普通的商业建筑业主通常不会考虑你这些。但是碰巧有一些业主，他的追求跟你一样的时候，你就有机会跟他沟通了。

我很幸运，自己开公司没多久，就有几个小项目是青年旅社。青年旅社是非牟利组织，在大自然、乡间给青少年使用的宿舍，不是纯粹追求经济效益。它讲究空间、舒适感、与大自然的接触，以及建筑与大自然的关系。这些就是我们读完书开始接触后现代主义的那些课题。

后现代主义所提倡的建筑没有那么教条主义，建筑要考虑环境、建筑要多方面吸取不同的文化、建筑要尊重历史，这些其实是态度问题。后现代主义给我的看法就是态度问题，而不是形式语言的问题。所以即便后现代主义很风行的时候，大家都觉得我的作品没有什么符号，因为我觉得符号很无聊。譬如我做的青年旅社是讲建筑与大自然的关系，做到大自然中有建筑、建筑中有大自然，或者某一个旧农舍

怎么翻新，新旧结构如何互相对话等。

王 我从建筑角度重述一下，严老师用三年开始做自己的事务所，主要原因是香港当时经济在发展，条件很好，并且有这样的需求。当时香港大学建筑系一年就毕业40个人，所以很快就适应了这个市场。他说当时后现代主义在他毕业那一年由一个老师带入香港大学建筑系，后现代主义完全是新的东西，讲究很多新的方向、符号、文脉主义等。这个时候他恰恰遇到了一些甲方愿意给他尝试，其中有一个做青年酒店，强调人与自然结合，不是强调标准的形式。严老师就可以发挥得很好，人和自然、人和建筑、人和空间，甚至一个旧的农舍也可以包裹后重新放在里面。

他不喜欢后现代主义的符号，因为后现代主义有很多古典的符号、罗马的注释，是一种噱头。他重视的还是后现代主义的文脉关系，他讲了一个单词——文脉，所谓文脉就是承上启下的逻辑。后现代主义很强调一个建筑不能断章取义，而是承上启下，他对这个是很认同的。

下面问问何老师，你离开华工是哪一年？在国内哪些单位工作过，主要是什么类型？

何 我1996年离开华工，出国前两年就在我家乡广东江门市一个建筑设计院。因为是一个小城市，那个年代华工毕业的人不多，也算是有一些机会，一到设计院就有

一些相对重要的项目可以接触到。那个年代还是商业项目为主，因为刚好是市场经济开始发展。商住混合楼比较多，那个时候还没有大的楼盘的开发，用地的形状、地势千差万别，但是你要解决的都是如何争取到最大的数量，也是一个非常实际的问题。

王 你是怎么想到要出国的？那个时候出国的人不是去美国就是去英语国家，你怎么想到去比利时？

何 我总觉得差了一些东西，那个年代在小城市没有人知道，在我念建筑之前也不知道建筑究竟要做什么，包括父母和朋友都没有人知道建筑是什么。读了五年之后，有了一点点想法，离我想象的建筑不够，尤其做了一两年，更加觉得需要看到不同的东西。

开始美国也是我第一时间的目标，不过我那个时候英语太差了，而且那个时候可能要全奖学金才有把握拿到签证。后来刚好有一位华南理工的教授去过比利时鲁汶大学，有过几个月访问交流，是全英文的课程，让我去试试。而且那个年代大家经济条件都很一般，法国、比利时这些国家，外国留学生学费跟本国学生是一样的，这一点对我们很好。

王 鲁汶大学（Catholic University of Leuven）建筑系是什么样的？讲讲你的具体印象，跟华工是不是差不多？

何 非常不一样。当时因为签证迟了，去的时候非常冷，我住的宿舍确实是早期现代主义的一个单间，很长的长廊，很现代的建筑旁边又有很古老的城堡，拼贴的感觉非常强烈。实际上我迟了一个多月才到，错过了一些课。研究生课程只有一年半，可以变成两年，理论上也可以安排一年读完，所以非常紧张。来了之后，马上就是论文开题，对我是非常大的打击。因为我选的是设计论题，在国内那个年代，设计就是马上用图或者用画这些具象的东西来回应问题。但实际上老师问的完全不是这些问题，而是非常基本的，甚至基本到你为什么做这个事情，类似这种，这真的是在中国的教育里面不太会去想的问题。

王 严老师，您做完青年旅社这些有趣的项目之后，真的让你觉得是做了比较大的项目或者比较出名的项目是什么时候？

严 刚才说做青年旅社，其实项目很小，也没有很多可以做。所以那个年代，你想多一些机会发挥，其中一个出路就是参加竞赛。从那个时候开始我就尝试有机会就去参加竞赛。香港那个时候山顶有一个住宅项目竞赛，就是扎哈第一次获奖的那个。她是用一个很构成主义的形式做出来的，我参加了那个比赛，当然没有赢，是她赢了。接着可以说是像大海捞针一样，参加了巴黎歌剧院投标。

那个时候做巴黎歌剧院的想法就是结

合了我在大学受教育的时候对问题的分析、回应、解决，也结合了后现代主义所鼓吹的文脉、历史跟现代的结合，建筑融入都市要考虑的问题。很幸运赢了，我毕业后在思想上、理论上，有了这个想法才慢慢这样去发展。

后来在香港有机会做比较大的项目，比如万国银行中环总部、香港大学毕业生堂，那个时候很体会到建筑与都市环境结合、与校园环境结合、与山势自然呼应对话，也感受了这一类建筑在香港才有条件做，在其他地方没有这样的自然环境、没有这样的密度需要，是不会有这样的作品。那个时候真的可以实践。

王 何老师，你在比利时开始时老师提出一些基本的问题，用你当时的语言能力是不是觉得第一年特别难应付？

何 是，语言都是一个巨大的问题，而且在看问题的方式上，或者说更重要的是关于文脉历史这种很多缺失的情况下，我觉得是最困难的。因为我们一上来就是具象地画，但那边非常注重过程，而不是你最后画得够不够漂亮、做成的东西够不够炫。整个就是一个过程，你怎么开始想、怎么用你的一套方法实现你想要的目标，这才是设计。我觉得自己能够掌握、理解设计是怎么回事，还是在比利时。

王 你和严老师不谋而合。建筑设计教育

里面首先是找出问题、解决问题，这是第一重要的，然后才是用什么风格、什么形式。但是在我们国内建筑学院上来就画图，都忘记了问题。所以我说我们的教育很大程度是创造问题，而别人是解决问题。今天很高兴两位都是同样的想法。

严 何老师讲的过程这件事很重要。建筑教育是教学生怎么去思考、思考的过程以及对待某些问题、某些挑战采取的思路，不是你闭着眼睛忽然就是这个了，这是骗人的。如果你追求建筑是一个理性的建构，以及对某些事情的回应的时候，其实思路过程很多时候比最终的成果更重要。

王 中国的高铁站特别大，机场也是大得离谱，当然我们人多，需要这么大。但是这些站太大了，巴黎北站、巴黎东站或者东京的总站其实都不大，但是他们每天人的流动的次数不比我们少。这些站点看起来宏大无比，但总是看见某一个地方挤了一大堆人，在某一些地方一个人都没有。这其实是考虑形式而没有解决问题，也没有思考过程所造成的结果。当然不是说这些高铁站都不好，它的存在也有其理由，但实用性的空间应该怎么充分利用，而不是空虚地做出一些巨大的空间，这其实是教育的问题。

下面继续请问严老师，你在香港的设计界做了几个很成功的项目后，自己觉得是

从哪个阶段变成香港人眼中真正的大师？你是不二之选，大家都觉得你是最好的。

严 没有大师这个称呼，而且不是大师，我觉得是二三十年后再去判断的。建筑有没有一个恒久的价值，这是最重要的，十年内未必可以下结论。

王 我们知道你做香港故宫文化博物馆项目，这个项目很难，大陆的建筑师可能会做成故宫那个样子，大屋顶，新古典，而香港本身其实并没有故宫这样的建筑。你怎么考虑这个项目，你现在的方案怎么在文脉上跟故宫有关系？

严 这个问题也不是第一次回答了，有人问为什么不像故宫？我说北京故宫博物院那个建筑本身就是一件最珍贵的展品。香港故宫文化博物馆本身并非展品，它没有资格做展品，它只不过是一个现代化的博物馆，是提供一个空间展示将来由北京故宫博物院拿过来的藏品。所以建筑为什么要做成故宫那样？这是没有依据的，所以根本不应该这样去考虑。

它作为一个博物馆去展示故宫的藏品，地处香港，它应该体现某一些文化。我越来越觉得建筑是某种文化的表现。香港故宫文化博物馆首先要体现香港的都市文化，都市文化是什么呢？比起北京，就是相对紧凑、密集、环境互动比较强烈、通达，并且跟周围的连接很顺畅、向高发

展，这是香港都市文化的特征。

第二，因为它的藏品大部分是中国的文化，铜器、书画、瓷器等等，是中国传统文化的精华。所以我们希望它的形态能够显示出中国传统文化的气质，而不是说要像故宫。这个气质是什么呢？每个人的演绎不同。我的演绎就是它的形态、肌理、平衡。

另外，因为这个位置地比较小，要向高空发展。传统中国空间文化是一个工具，它是用来引导或者营造你的感受、心态的，比如故宫中轴线，让你产生一种尊敬、期待的心情去参观。我们就利用几层中庭搭高、旋转，营造出这种一般期待。出来了，你说像什么，无所谓，你说不像什么也无所谓。但是适合展示中国传统藏品的一座建筑。

王 我很欣赏严老师这个回答，首先他的定义就是对的。故宫是一个大的文物，但是香港的故宫不是文物，它是陈列空间，给你一个感受，慢慢体会那种尊重就可以了。这座建筑需要多久完成？

严 预计 2022 年开馆。

王 何老师，今年你做了很多万科改造的项目，我知道万科给你改造的都是"硬骨头"，能不能讲讲改造过程中的心得？

何 我们这个年代的中国建筑师，大部分的业主基本上都是开发商，不管是公共项目还是住宅项目。我们做的万科项目，说"硬骨头"也好，或者说特别困难，就是它用常规式的设计方法解决不了，这个是我们喜欢的方式，要应具体问题、具体场地、具体建筑来开拓出一套特定的设计逻辑跟方法。它会出来一个非标准的东西，而是真正的文脉、在地的环境、传递的文化信息。我们是喜欢啃骨头，广东人喜欢煲汤，骨头好吃过肉。肉跟骨头在一起更有质感，做项目也是同样的。

王 回到今天我们活动的东道主 —— 满京华公司的国际艺展中心，我们三个人都参与了满京华教育基金会这么大的一个项目。满京华投资做了一个非常巨大的新艺展中心，这是一个巨大项目。比我们现在这个艺展中心还要大，并且建筑体量、建筑水平、周边配套都非常好，我去看了，很动心。教育部分是何健翔老师设计的，首先问问严老师，您最早接触到这个项目时，过程是怎么样，你当时有什么考虑？

严 其实我跟满京华的董事长李总第一次沟通，他就希望我们做艺展中心的设计。这是一个单体建筑综合体，我跟他谈到，任何建筑设计，最重要是感受那个环境、文脉，建筑在那个地方对那个环境会起什么作用，或者受环境什么样的感染。

那个时候还没有一个整体规划，记得他们问我有没有兴趣把规划也做了，我当然有兴趣，因为规划才重要，有了规划才知道建筑的定位、角色。这个项目我们最享受的过程就是做规划，规划大概做了几个月。了解到在那个地方有大型商业、会有一大片工作室、公寓，那个时候是想做一个室内灵活性高的空间，这些东西怎么组织在一起，所有建筑能够互动，成为有协同效应的整体环境。我相信这个区域应该可以做到这个，不仅仅是建筑这么简单，那些街道、广场，建筑与公共空间的交接、界面的处理，最重要是这些事情。

设计最大的问题是这么大空间的建筑，你进去后怎么有方向感。同时在这么大的容积里，人也要有一个尺度可以感受。所以我们采用几个中庭，希望每个中庭有自己的特色，尺度跟人比较适合。通风、采光这些只是一些技术问题。

王 隔壁的博物馆真的非常漂亮，像四片书纸。我们以后可以在那里举行一些展览，包括严老师、何老师的展览都可以放在里面。你做这个设计博物馆是如何考虑的？我记得你以前在广州做过一个博物馆，可以给我们比较一下吗？

严 其实博物馆也属于刚才我讲的，要去解决问题的艺术。很多人有误解，认为讲问题，一定是功能、使用、面积、人流，其实问题很广阔的。在博物馆，形象是一个很大的问题。

你见到博物馆，会联想到这个博物馆的内容是什么，或博物馆的空间带来什么感受。这些不是功能性的问题，而是精神上的问题，都需要解决。所以我们博物馆用了一种突破、奢华、开放、不依常规的形象，来制造这个外形。我们刻意做了一件事，将里面与街的界限变得很模糊，逛街时容易不自觉地进入了博物馆，自然地渗透进去，变成公共与私人空间的融合。空间着重流畅性、灵活性。

王 何老师，那里有一群学校建筑，你是怎么设计的？

何 两个回院的房子，一共6000多平方米用地。最早项目的定位不是学校，一开始是工作、居住一体的类型，服务于小公司、年轻设计师。后来有一些商业上的调整，最后做成了学校。我觉得这个案例很中国，还没有用的时候又开始改造成新的。

改造学校也跟严老师刚才说的想法有关系。不管设计公寓、住宅、办公楼还是学校，实际上的功能变得没有以前那么可靠与稳定，它是会随着时间改变的。你仅仅就着功能、面积来设计是远远不够的，这个问题也是转变回个体的人如何去体验空间的问题。比如6000多平方这么大一块地、这么多层的楼宇，怎么转变成人可

以舒服放松的环境。不管是居住、办公还是学校，这都是需要的。

改起来实际上是很轻松的，它的尺度在、组团在，只是换了人群，有一些基础设施调整后，就可以随时变换成学校的范围，或者我们在小区里面都是依据城市的尺度递进，从小到大，街道、广场、内院，就是在这套体系里面，我相信以后它可以真正自己生长，而不是说这里一定就是卖东西的、那里就是干什么的，它是可以流动、转换的。综合商业里有这样的空间，可以组织交流研讨，学校里面也有。它与传统有围墙的学校不同，会和小镇、整个大的社区融为一体。

王 下面讲讲个人。在全世界建筑师里，严老师比较喜欢的哪几位？对你影响比较大的有哪些？

严 不同年代有不同的建筑师。在读书的年代，那些大师就不用说了。很多同学都喜欢鲁道夫（Paul Marvin Rudolph , 1918-1997），对他很崇拜。接着他有一些转变，可能受到了后现代冲击，转变了一些。到了20世纪80年代，那个时候我很喜欢弗兰克·盖里（Frank Gehry），特别是没有钱的时候，用铁丝网、铁皮建构的房子，会发现他是不经意做了一些很精细的东西，之后的作品我反而没有那么动心过。

王 我也去过这个叫做"盖里住宅"（Gehry Residence in Santa Monica,California,1978）的房子，里面非常有趣。

严 不仅是这间房子，他在那个时期都是很潇洒的。

王 何老师，对你影响比较大的建筑师呢？

何 在我们读书年代，可能因为文化的关系，以及媒体接触容易程度的关系，影响我们的反而是一些日本的建筑师。其中槙文彦、矶崎新的一些思想的东西，在学生年代，我觉得还是挺有帮助。日本那些关于新陈代谢的讨论在我们现在这个年代，还是有很多借鉴的意义。

王 你去欧洲以后，有没有让你动心的建筑师？

何 大师就不用说了，早期的都很棒。还有就是一些比较小众的，意大利一位建筑师，还有挪威的一位，都是我后来实地看过他们的房子后，非常喜欢的。一些设计的想法或者在地的、跟工匠、跟那个地方的关系，给了后面我自己的项目一些启发。

王 下面一个问题想问严老师，每个设计师平时都非常忙，像你是超级忙，何老师也很忙。忙的过程中请问你用什么方法不断提高自己的修养？像我整天就看书、看录影带。我想问问严老师，如何丰富自己？

严 这个问题是有些难回答。不知道你有没有同感,在这个时代,有时候看得多,对自己反而是一个障碍,资讯太发达了。现在看杂志,主要目的是什么呢?就是看一下有没有人做过,千万不要不小心抄了。如果太像了,自己就要改了。所以你说如何提高修养,真的很难回答。反而像您所说听一下音乐、看一下其他的书籍、感受一下周边的事物,可能这个对修养同样有好处,不是说很刻意看一本书、看谁写的东西。

王 这个我有同感。你去各个国家,哪个城市最有感触?

严 始终是欧洲城市,那种空间感觉感受最深。威尼斯、巴黎,对我做整体规划的时候,把握尺度、氛围很有帮助。

王 所以整体规划感受还是大于单体建筑。何老师怎么丰富自己?

何 我也类似。做建筑不是建筑本身的东西,而是建筑以外的事情。到了一定的时间,技巧都不太重要了,真的就是对空间、对城市、对历史、对文化的一些感悟。所以我也看得比较杂,有不同门类的书。小时候我喜欢天文、量子力学,到了欧洲,就转到人文这些方面。比如意大利一个非常小的城市,一个小小的教堂里面可能就有很多的故事,让你看到的东西完全不一

样。你再去做设计,不可能那么单纯、简单,必须要想象它是在地的一个建筑,以后有很多故事在这里发生。

王 下面这个问题更加个人化。两位有什么爱好,比如喜欢美食或音乐?

严 对于吃,每个人都喜欢。但吃到可以判断到怎么样好、怎么样不好的程度,那些是美食家。我还不是,只是也享受吃好吃的东西。最大爱好都是去感受事物,所以去旅行、去某些地方挖掘,像今天周围转一转,也很享受。

何 爱好上我也没有什么特别。吃饭是肯定的,广东人嘛。食物在任何文化里都是非常重要的,你了解一种文化,食物是一个开始。因为食物里面有它的食材、植物、动物是什么样的,比如酒等各种各样的东西。尤其在中国。

王 严老师,做建筑到现在,还有什么人生的目标?有没有什么东西很想做,但是还没有做到的?

严 我希望某些作品令多一些人去感受建筑需要追求的东西是什么。在香港,真正懂得欣赏建筑,或开口说追求什么,是很少数的。如果他们不说追求什么,就影响不到整个社会的潮流、风气或者政策。所以香港的建筑水平、设计水平这么难提升,就是因为没有这么好的政策去配合,去追

求一些好的建筑。这方面,北欧很成功,日本也好过我们。我希望通过某一些作品令大家了解到,其实社会是应该追求某些价值的。

王 这个问题再延续一下,香港市民如果对建筑有一些不满意,或者有一些追求,现在有什么渠道可以联系到政府?拆了码头,很多人不开心。这个渠道现在有没有,将市民需求讲给政府主管部门听,这个渠道有没有建立?

严 很多渠道都有,发表文章、打电话到电台,完全可以。作为设计师,你设计的好的住宅,大家都去买,高价也会去买。所谓好用,不是装潢,而是好的设计,你用行动去支持,自然业主、发展商就会向那个方向发展。

王 何老师,您未来的设计有什么指向?

何 我还是比较随遇而安,包括出国、各种机遇、好的业主、好的机会。现在国内最大的问题在于,在设计一个项目过程中,会出现反复的不对位的沟通、变化,损耗建筑师太多的精力了。我们非常羡慕欧洲的设计师朋友,他们80%到90%时间都可以用在设计,把一个项目从开始的想法到每一个细节,能被给予多一点时间,放松地在这个上面去做,自然会有越来越多好的建筑出来。■

七园居

唤醒"内"的知觉

撰　　文 ｜ 何广（同济大学建筑与城市规划学院 研究生）

摘要：在网络文化与虚拟现实日益发展的背景下，建筑内部空间如何唤醒人类身体中原始的知觉？文章以七园居为例，从"内与外"、"新与旧"、"七园"三个角度对其内部空间进行了分析与解读，探讨了如何在设计中制造意外、激发体验，从内部空间的角度思考了七园居对于建筑学的独特价值。

关键词：七园居、内部空间、意外、体验、"内"的知觉

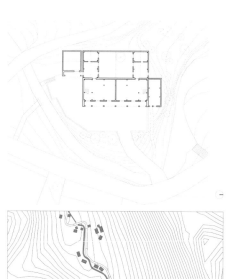

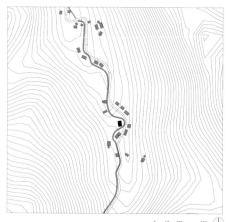

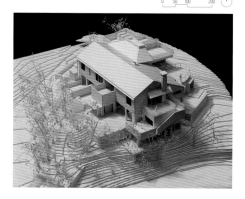

在科技手段日益发达的今天，人们可以轻易地获得从来没有过的视觉体验，"触屏时代"的简明图像慢慢取代了用身体感知的方式，逐渐成为人们认知世界的唯一途径。诚然，信息时代获取知识的高效、便捷等优势日益受到人们的青睐，但也直接导致了人们缺乏对事物切身而真实的感知，甚至使人们完全生活在由数字构成的网络世界之中。在这样的背景下，建筑，作为伴随人类历史发展的物质实体，其内部空间或许可以作为一种契机，唤醒人类身体中原始的知觉，在人与环境中建立起某种可以直接触碰的联系。

一、缘起

在互联网渗透的日常生活中，城市空间与建筑内部的联系似乎越来越弱，人们往往根据互联网的"引导"便可以精准的进入建筑内部（例如美团或百度地图等手机app），这导致了人们对外部空间的体验感逐渐减弱，而内部空间将成为影响人们体验、使人获得经验的主要场所。在这种环境中，网络空间更像是一种展示性的窗口，而实体的内部空间则是经验与惊喜的发生地，所以其独特性和体验感在未来的建筑设计发展中具有重要意义。

位于浙江德清山区中的七园居便是在此背景下的一次创新与尝试。七园居由当地上世纪80年代的一所民宅改造而来[1]

（图1），以七间风格独特的客房以及附属的庭院露台为核心功能。其建造基地位于山区竹林中，溪流西侧，场地周边植被茂密，景观视线条件良好（图2）。在改造的过程中，设计师保留了场地特征与旧宅部分结构骨架，在幽静茂密的竹林间，巧妙的建立了场地记忆与山间旅社体验的联系（图3）。

改造后的七园居包含大堂、客房、餐厅以及咖啡厅等基本功能（图4），在其设计过程中，设计师尤为关注使用者的切身体验。首先，对地形与路径的保留与延续锚固了人们对原始场地的记忆，同时，这种记忆又在新的游览路线中得到发展与升华；其次，客房部分保留了原建筑的木结构框架，新旧结构的对比带来了对建筑发展历程的认知，新客房开间尺寸大于原有框架尺寸，使客房中落有旧宅木结构的柱子，这种错位与意外强化了新旧的对比；最后，七园居中七间客房各有特色，其游览流线的多样性进一步丰富了居住的体验。本文将从内与外的连续统一、新与旧的交融共生及"七园"的体验对七园居的内部空间进行解读与分析。

二、内与外

旧宅位于山谷之中，为方便建造，原来的屋主在场地上筑有一平台，其不仅可作为建筑的建造基地，也可为居住提供一

定的院落空间。旧宅北部有一间披屋，其标高低于平台1.8m，而披屋的进入路径是由主路的一条岔路引伸而来。设计师在第一次实地走访时对披屋的进入方式印象颇深，认为这样的路径关系很好的反应了原始地形的特征[1]。因此，在设计的过程中，披屋的功能虽然被民宿的咖啡厅取代，但是其与平台的高差关系被保留。咖啡厅在内部与大堂连通，在外部被山间小路环绕，人们可以穿过大堂进入咖啡厅，也可以从主道路的岔口向下直接进入，丰富的路径关系提供了对空间不同角度的感知（图5）。山地地形的高差关系可以让人们真实地感受到场地原有的特征，另一方面，这条小径临近山间溪流，在进入咖啡厅的过程中可以欣赏到怡人的山野风光，使前来度假或体验的人得到很好的放松。

除了原始地形的保留之外，建筑师还试图通过新增体量延续并增强这种山间小路的体验感，具体体现在咖啡厅的空间形态与进入7号客房的路径设计之中。咖啡厅的空间被设计成一高一低两个部分，其屋顶又可以成为进入7号客房流线中的两个休息平台，居住者可环绕"台地式"的咖啡厅空间进入客房（图6）。这样处理

有两方面的影响：一方面，低矮空间的屋顶可出挑作为雨棚，保证亲和的入口空间尺度；另一方面，高耸空间与低矮空间形成对比反差，形成了外部的山地形态体量与内部不同空间的独特感受（图7），同时也使得建筑与场地有更加紧密的咬合关系[2]。

建筑的内部空间与外部形式常常是相互影响、相互牵制的，内部空间形态一定程度上决定了建筑形式，外部形式作为环境的一部分反过来对内部空间的体验又具有铺垫作用。在七园居咖啡厅的设计中，微妙的路径关系可以唤起人们对场地的记忆，其内部空间的高度变化形成了建筑形态的高低错落，同时为延续场地原有路径提供了可能。内与外的统一将场地记忆、新建筑体量与新的游览路线紧密的结合在了一起。

三、新与旧

在旧建筑改造项目中，新与旧的关系在各个层面影响着项目的品质。一方面，新旧结构关系处理是否妥当影响到建筑的使用安全和效率；另一方面，旧材料的质

感可以唤起使用者对内部空间的独特感知，是对场所记忆的保留与尊重，但如何协调旧建筑的空间尺度与新建筑的使用要求是需要解决的问题之一。在七园居的改造之中，新的结构与体量不仅解决了技术层面的诸多问题，其自身也成为了旧结构体系的参照，新与旧的强烈对比映射出独有的居住体验。

1.新旧结构体系的交错

七园居旧宅的结构体系为混合承重体系，其中包括插梁式木结构和夯土墙，建筑高度为两层。由于新建筑中有较多的卫生间，对设备管线的要求较高，原有木结构在承重能力与抗腐蚀性等方面无法满足新的使用需求，于是建筑师平行于旧结构设置了新的钢筋混凝土结构体系。新的结构体系集中解决了防水、荷载和设备等问题，旧宅的木屋架得以保留，覆盖于新旧结构体之上（图8）。

旧宅的平面布局为六开间，其木结构开间尺寸为3.68m，该尺寸很难满足精品酒店客房的使用需求。因此在客房开间尺寸的设计中，建筑师大胆地突破了围护体必须依附于结构框架的传统思维，将新的平面布局确定为四开间，这样的布置方式

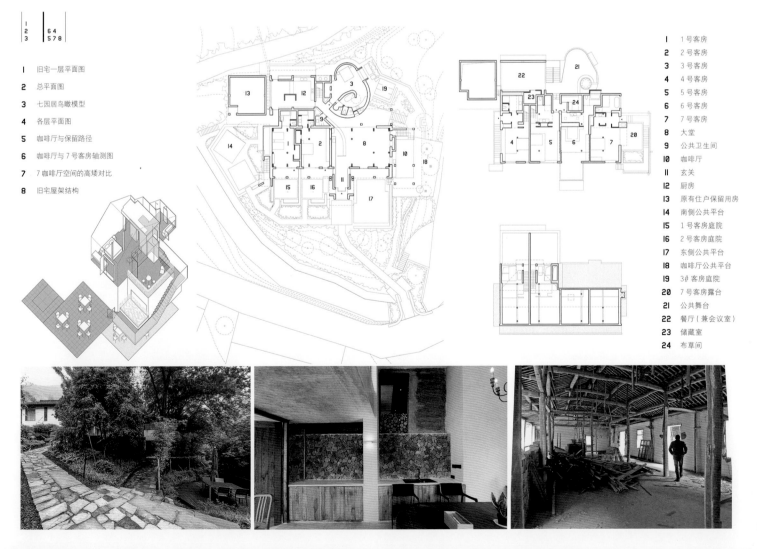

```
1 2 3 | 6 4
      | 5 7 8
```

1 旧宅一层平面图
2 总平面图
3 七园居鸟瞰模型
4 各层平面图
5 咖啡厅与保留路径
6 咖啡厅与7号客房轴测图
7 7咖啡厅空间的高矮对比
8 旧宅屋架结构

1 1号客房
2 2号客房
3 3号客房
4 4号客房
5 5号客房
6 6号客房
7 7号客房
8 大堂
9 公共卫生间
10 咖啡厅
11 玄关
12 厨房
13 原有住户保留用房
14 南侧公共平台
15 1号客房庭院
16 2号客房庭院
17 东侧公共平台
18 咖啡厅公共平台
19 3#客房庭院
20 7号客房露台
21 公共舞台
22 餐厅（兼会议室）
23 储藏室
24 布草间

使得老旧的木柱直接落在了客房的中央（图9），让居住者可以更加直观的感受到新旧交错所带来的内部空间感受。客房中的木柱虽然造成了使用上一定程度的不便，但其所承载的时间感让居住的体验变得丰富起来。

2. 新旧空间尺度的对比

使用者在身体移动的过程中感受空间的变化，这其中蕴含着许多细节感知，包括材料、色彩以及不同空间之间的对比与联系等等。尺度，作为衡量建筑与人行为关系之间的要素，在室内空间设计中起着重要的作用。七园居中，在旧宅空间尺度的基础上，建筑师设置了不同尺度的空间，其中包括亲和的入口空间、舒适的大堂空间以及开阔的庭院露台空间等等，为居住者提供了不同层面的感知与体验。

旧宅高度为两层，底层高度为3.4m，二层为坡屋顶，最低点高度为2.9m，最高点为4.8m[1]。在改造的过程中，由于新增体量大部分为卫生间、布草间等辅助用房，所以建筑师将其层高降低到2.7m，被压低的新体量可以和周围环境保持较好的融合关系。同时，低矮的一层卫生间与敦厚的夯土墙共同营造出了一种洞穴的空间感，能够激发使用者原始的身体的真实

感知（图10）。空间的亲和力还体现在入口空间的处理上，在大堂、咖啡厅以及二层客房的入口处，建筑师都将其雨棚或门斗高度控制在2.2m左右，而不是延用旧宅过于高敞的门廊空间。在二层客房的卫生间中，由新结构的楼板将人托举到可以触碰原有屋架的高度，这种极小的、亲密的空间加强了对"旧"的感知（图11）。在建筑入口与居住空间的部分，七园居是亲和而友好的，而在大堂、咖啡厅等公共空间中，人们可以自由的活动，观赏外部的田园风光，所以其尺度是舒适而均衡的（图12）。从客房到露台，其空间尺度又是一次对比与转换。每个客房均有自己的露台或庭院，可以将山色风景纳入其中，在空间尺度上最为开阔（图13）。从卫生间的紧密亲和到公共空间的舒适自由，再到露台的开阔深远，空间的对比收放给人留下深刻的印象。

四、七园

如前所述，新建旅社的功能由客房与各种公共空间组成。七间客房高低错落的设置于新旧结构之中，每间客房都有自己的庭院空间，这也是"七园居"的由来，

9 4号客房内部

10 2号客房浴室

11 7号客房卫生间可近距离感受屋架

12 大堂内景

13 二层公共露台

14 3号客房与圆形天窗

15 5号客房通向露台的楼梯

其中 1-3 号客房位于一层，其余客房位于二层。3 号客房位于新建结构体之中，前文提到新增体量层高为 2.7m，因此三号客房的室内净高仅 2.35m，基于较低的层高建筑师在其屋顶设置了一个凸起的圆形天窗，消除客房压抑感的同时解决了卫生间的采光问题（图 14）。弧形的平面布局与低矮的空间共同营造出私密而亲和的居住感受。在 4-7 号客房中，居住者能切身感受到旧宅的木屋架与木柱。由于餐厅部分体量的压低，其屋顶可作为 4 号与 5 号两间客房的露台，露台与客房之间的高差不大，且由一部狭窄的直跑楼梯连接，所以登上露台的体验更像是进入阁楼，而非上到另一层屋顶（图 15）。

除了每间客房都具有独特的居住体验之外，建筑师还突破了传统酒店中一条走廊连接所有客房的布局形式，为每间客房设置了独一无二的进入方式。其中，位于底层的三间客房均利用其场地形成了各自的庭院空间，1 号和 2 号客房通过庭院进入，庭院将居住空间与公共路径隔离，保证了客房的私密性。5 号、6 号客房通过公共楼梯与大堂相连，独立入户。4 号与 7 号客房则通过独立的室外楼梯进入，由

于七园居处于山林之中，这两部室外楼梯被自然风光所包围，漫步进入客房的过程亦是步移景异的体验过程。对于传统酒店客房布局方式的突破虽然为客房管理带来一定程度上的不便，但是进一步丰富了居住体验，使得人、自然、建筑在居住者用身体感知的过程中达到了和谐统一。

五、结语：意外与感知

通过上述的三个方面，七园居尝试用建筑内部空间去唤醒人对外部世界的真实感知，进而挑战当下网络时代的常规经验，这次实践创新对建筑内部空间的未来发展具有一定的启示作用。

首先，设计应同时兼顾建筑的内部空间与外部环境。建筑空间并无绝对严格的内外之分，内是外的延续，外是内的背景，内与外本身应是一个整体。内部空间设计应该充分利用建筑所在场地的外部条件，尊重场地历史，因地制宜。

其次，在内部空间设计中，适当制造有别于常规经验的空间感知可以使空间体验变得生动而深刻。例如，将场地与建筑的历史发展融入到内部空间设计中，有意

制造意料之外的空间氛围，会使体验更加丰富与难忘。

最后，空间氛围的营造应建立在合适的尺度之上。内部空间的感知主体是人，设计过程中应充分考虑人的行为心理。建筑师应当勇于挑战传统意义上的空间结构，从使用者的角度出发，构建人、建筑、环境的和谐共生。

在互联网飞速发展的时代背景下，越来越多的空间故事发生于"内"，室内设计或许会成为未来建筑学发展的重要领域。正如七园居立于山林之间，用其令人惊喜的内部空间唤醒"内"的知觉，这种"内"的知觉不仅仅是居于自然的感知体验，更是人的内心与建筑空间更深层次的情感共鸣。（感谢上海博风建筑提供资料与图片）END

图片来源：
文中所有图片均由上海博风建筑设计咨询有限公司提供。

参考文献：
[1] 王方戟,董晓.骨架与体验——山间旅舍"七园居"建筑改造设计[J].建筑学报,2017(03):56-59.
[2] 张婷.松动与咬合 七园居的设计过程与启示[J].时代建筑,2017(04):90-97.

基于意动空间理论的室内设计方法解读
——以重庆南山民宿改造设计为例

撰　文 ｜ 董春方、李颖劼

摘要：文章以重庆南山民宿改造设计为例，以意动空间作为解读视角，着重介绍了意动空间的特征以及理论对于室内空间设计的启发性意义，并且梳理意动空间的思想脉络和意境生成的思考层次，以此阐释室内空间、场地环境和心理感知的相互关系，从而探讨建筑室内空间设计范式的转变。

关键词：意动空间、室内空间、意境、时空转换

在中国传统文人思想为代表的文化语境中，民宿的场所意象寄寓着回归山水田园的情怀和意境。围绕着民宿一词可以展开一系列别具画面感的印象：群山之间的古朴村落，屋舍内部简洁素雅的室内环境和清静闲适的布置与陈设。在民宿特有的文化背景之下，它的改造设计已不仅是面向郊野度假生活的开发建造，更需要将民宿作为一种根植自然环境中的空间载体，寄托起城市游客对于山水田园的情境体验和文化观照。

1. 基于场地的建筑室内设计

在一块未经改造建设的场地之中，不仅包括既有的基地现状，也蕴含着人与自然对话的潜在可能。这些潜在的情景联系着特定的建筑氛围与室内空间意象。

民宿的室内空间设计与场地环境的塑造密切相关。通过营造人与自然间各种关系的互动，再经过清楚明晰的操作过程，可以将一系列室内空间场景逐步融汇合成，自然而然地呈现出具体实在的形象。

在重庆南山民宿设计的开端，我们就需要将场地、建筑外观与室内空间等各个层面的设计进行协同思考。项目基地位于山地的半山腰处，既有建筑为两栋错动排列的平顶民房。周围是植被茂密的场地，不仅近处有花木丛林，远处也可观山林起伏（图1~3）。人们身处在民宿居室之中，会期望观赏到什么样的景致？建筑师又可以为其营造出怎样更具体验性的空间？

因此基于场地的特质，在设计中需要尝试思考一种非程式化的逻辑，回归自主的建筑设计语言，创出一种与场地融合的建筑室内设计方法。

2. 意动空间的特征

（1）从景物对象到景致关系

南山民宿设计的一个重要的意图就是建筑自主性的回归，这是在如今实用功能主义与图像化趋势的背景下，对建筑学本体要素——空间及场地作出的批判性反思。当人们身处于自然与生活场所交融的情境之中，便能够更深刻地体会到建筑的复杂性。这是场地环境、组织结构、行为知觉共同构成的综合结果。因此，回归建筑的自主性就需要重新认识人在具体场所中的使用行为与观察方式，以及真实的心理体验。

但是在设计过程中，要将场所体验与抽象化的实体物理空间真正地相互关联，并转化为清晰的设计思路，就是一件具有挑战性的工作。因此我们可以借鉴由冯纪忠先生提出的意动空间理论，从而能够在理论层面阐释室内空间意境生成的过程与思路。

```
    4 5
1       6
2   3   7
```

1-3 南山民宿改造前基地状况

4.5 南山民宿工作模型

6 南山民宿一层平面图

7 南山民宿与远处的长江景色，建筑与自然的融合与对话

　　意动空间是一种融合理性与感性的设计方法，带动整个设计的核心是"意动"，而所谓意动就是把一次次思考过程所形成的痕迹叠加到最后的成果中来。冯纪忠先生在谈话录中谈到："引发意动就是设计中的思考寻找更好的配置的过程，也反射出设计者的时间经历和体验，不断探索的过程。"因此最终形成的建筑可以视作是意动的叠痕。通过对室内空间氛围的情景营造，从局部但富有意味的场景入手，再将特质化的空间感进行扩展，使得各个空间要素融入到设想中的景致关系之中，从而在一种整体的氛围之下，让各种因素都能在内在联系中构成一种富有张力的意动（图4~5）。

　　（2）意动空间的思想脉络

　　在意动空间理论中，需要将心理层面的场所体验与物理层面的物质空间相互关联，而使用的科学工具是对知觉心理学的分析。在《组景刍议》中，冯纪忠先生提出了四个知觉要素，包括总感受量、导线长度、变化幅度和参与时间，其中以总感受量作为核心的概念。因为在对建筑的使用过程中，使用者对环境空间的体验与感受和总感受量正向相关，并由此可以反映出建筑环境的丰富度和复杂性。

　　南山民宿的室内流线布局是建筑与自然的融合与对话的结果。建筑的开窗与景观之间的映照关联需要使用者切身实地、身处其中才能体会得到的。室内的走廊与通高空间的安排也需要客人在缓步游观中发现具体的景致（图6）。倘若游客仅仅是匆匆疾走，没有足够的观赏时间，就势必导致总感受量的不足，那么其体验的接受度和丰富性就难以达到预期的效果。因此，在设计过程中我们试图综合考虑四个知觉要素间的关系，再把总感受量落实到场景的思考之中，转化到空间的丰富性上，从而达到知觉体验的提升，产生诗情的意境（图7）。

　　（3）时空转换

　　在这个思想脉络下，意动空间的核心精神离不开时间与空间的协同转化。在南山民宿的室内空间设计中，可以解读到两种时空转换方式的运用。一种是人在建筑中的不同场所中运动，体会空间的变化。例如南山民宿的顶层客房之间置入了"夹缝"般狭长的玻璃庭院，经过看似不经意的空间间离，使得客房与景观的交互关系增添出独特的趣味。行走中，庭院中的绿植形成近景的视觉焦点，与透过玻璃庭院见到的远景形成层次上的叠加。人对窗外景物与庭院绿植的观赏随着脚步的移动变化流转，不经意之间就会放慢步伐，带来感受的叠加，丰富了空间的层次性和体验的沉浸感。这可以解读为一种空间的历时性表达，透过人的运动，体验空间的转折与变化（图8）。另一种时空转换方式是

人处于静止状态，让空间的场景自己随时间慢慢变化。例如在南山民宿的客房和休息厅中设置了多处转角的玻璃窗，一方面使得视域在水平方向上得到扩展，窗外的风景如山水长卷一般绵延铺展开来。另一方面，它使得人们可以更充分地感受景物与景致的变化。人们闲坐窗边，时间久了，就会体会到外部的光影变化，头枕背椅，视线上扬，看着天空云卷云舒，一种悠然

8 9	12
10	13
11	14
	15

8 空间的历时性表达

9 空间的共时性表达

10.11 对象景物的安排

12.13 体验性场景在空间中的渗透

14.15 多层次的动态互动关联

的古意就此走来。这种状态只有身在其中才更能体会，或者说设计师在思考这一笔的时候，已经想象着自己身临其境了。与之相比，外部的形式已然成了次要一级的问题。这种安静悠然的诗意才是空间的灵魂所在。这可以解读为一种空间的共时性表达，透过时间的流逝，在静静的观赏中，体味场景里隐含的意境（图9）。

3. 意动空间设计方法论

南山民宿的设计从方法论的层面来说，不局限于经典的空间组合论，而是进入到了意动的时空转换过程，回归自主性的意动思维引导着最终室内空间场景的生成。

在建筑理论中，关于时空结合、意境生成的构想在很多时候仅仅停留在抽象的纸上阶段，难以深入到具体的实践创作之中。意动空间理论通过一系列理论体系的构建，形成了具体的方法构架与思想脉络。

意动空间理论一方面吸收了西方的知觉心理学理论，将感受与空间及时间联系起来，另一方面意象、意境、意动又是中国文化对环境体验的深层次总结，是东方美学的核心所在。因此意动空间理论一方面是对空间组合论在东方美学思想上的转化与变革，其对于地域性问题的思考已经跳脱出对传统形式的单纯模仿，而转向对精神意境的追求，在现象层面回归诗意的

境界。另一方面意动空间探讨了意境生成的方法论，将感性的思考融入到设计的思维逻辑中，形成一套具有可行性的创作生产过程。

意动空间的思考大致可分为以下三个不同的层面。

第一层面：对象景物的安排，各个房间的开窗与室内材料的选择需要以合理合适的方式呼应周围的景观元素，通过对意象事物的选取，为意境的生成提供素材和基础。物像的累加看似简单，但往往是设计过程中不可或缺的一环。在冯纪忠先生看来，"有些设计经过的只是一个表象直接跳到意境，那就不是意境"。因为在生成过程中，如果没有经过从表象开始逐步的酝酿，就把表象当成了意境，直接形成了所谓的结果，便会遗失意境的真正内涵。例如南山民宿的室内设计多处借鉴了古典园林中的框景手法，透过竖高的开窗对室外的多彩环境进行有意味的截取和安排，从而将窗景和特定的室内活动结合起来，营造出局部场景的空间意境（图10~11）。

第二层面：不刻意地表现空间内容。通过将体验性的场景渗透在空间的各个角落，让使用者根据各自不同的参与情境能够体会得到，从而见微知著，提升总感受量，达到体验叠加的效果。在知觉要素中，导线长度、变化幅度以及驻留时间都是建筑师可以通过空间引导对使用者的行为产

生影响的，倘若处理得当，就能让参与者的场所体验性得到显著提升。通过延伸导线长度，可以让行人在信步漫游时，在不经意之间，收获空间中的兴趣点，同时对变化幅度的把握可以让空间在收放起伏间获得更具戏剧性的效果，在惊喜之间产生幸福感的跃升（图12~13）。

第三层面：在物境之上融入心境的外化，从而使主客交融。建筑作为客观实物，在多数情境下并不具有叙事言说的能力，室内空间和外观表面始终是以抽象的形式存在着，但是设计师可以通过自己对空间的理解，将想象中的情景以功能策划、空间关联、体系组织的手段，为空间注入更丰富的内容层次，从而提升使用者的体验的变化量和叠合度。在物境向心境升华的过程中，一方面需要意在笔先，对事物对象有一个清晰的认识，并且设想的建筑空间感和构成脉络，然后逐渐展开。

在南山民宿室内流线几个节点的设计中，空间与场地环境的协调整合就是随着游客的步履和视线逐渐展开的。本来北侧的道路与既有建筑之间存在一层的高差，所以设计时就布置了一座木质的小桥，作为进入空间。桥的纵深感把视线向入口引导，游客的目光可以透过接待厅两道玻璃落地窗，看到远处的山地景观。再往大厅的深处走去，两层通高的落地景窗像一幅竖向的书画立轴，把上方的天空和下方的山谷一并容纳其中，形成室内的景观焦点。再向前，推开窗门，步入平台，就可以瞧见嵌于山坡之中的无边泳池。水边的餐厅，池中的泳者，平台上的茶座，共同形成了多层次的动态互动关联（图14~15）。在平台的一侧延伸出一段窄窄长长的连廊通向楼下的餐厅。走在廊上，视线随着前方的片墙，向中间的狭隙间引导，湮没于远处的茂林之中……

意动空间的思考需要在具体实施中继续深入，透过不断地发现和解决新的问题，经过一轮又一轮的主客交融的过程，逐步形成完整的场所意境。

4. 范式转变

意动空间的理论是对于现代主义经典设计模式的一次转变，是基于建筑现代性语境下对地域性、文化性的思索。意动空间试图让建筑设计回归场所体验本身，回归空间、场地、感知这些建筑学基本问题的探讨。正是这些问题在如今图像化的浪潮中被众多建筑师所回避，现代主义范畴

中单一维度的功能组织模式，虽然试图让结构清晰化、运作高效化，但是在实际的使用过程中，往往难以应对感知体验的丰富性和复杂性。因此意动空间理论就是对现代性的变革转化以及对地域性的本质化意象思考，从而在以下几个方面作出了对室内设计范式的转变：

（1）场地潜能：设计的思路首先基于场地的客观条件，人与自然的和谐是设计的一个前提。对于场地与室内之间潜在关联的挖掘，成了建筑室内设计基本的驱动力。

（2）动态体验：空间的可能性不仅限于功能的一个层面，其体验的价值在于动态变化的累加，以及对使用场所多元化的塑造，为空间创造了具有丰富可能性的多样化使用方式。

（3）时空转换：空间是设计者意动思考的承载物，反映着思维在深入过程中留下的叠痕。设计师需要将体验的真实性纳入到设计思考中，体会时间与空间相互微妙的关联，通过光影、视域、运动的节律等手段，强调并映射时间的变化，流露出对意境的领悟和沉浸。

意动是中国文化对环境体验的思维表现，一方面融汇了中国传统园林中空间与景观之间的处理手法，另一方面通过知觉心理学的分析以总感受量作为使用者对环境空间体验与感受的量度方式，从而形成一系列室内空间设计的操作方式和空间品质评价的具体方法。

南山民宿的室内设计借鉴意动空间理论，试图以更细腻的视角，思考空间场景与感知体验的关联，拓展操作和解释设计的可能性。有时意动生成的建筑或许不会有强烈的视觉冲击，但就在形式的守拙中，却自有一种不被大趋势所同化的生命意趣的存在。 █END

主持建筑师：董春方
建筑师：李颖劼、吴庸欢、徐泽炜
开发者：上海缘栖酒店管理公司、
　　　　南山缘栖民宿

参考文献：
[1]刘小虎. 时空转换和意动空间[D].武汉：华中科技大学, 2009.
[2]冯纪忠. 意境与空间:论规划与设计[M].北京：东方出版社,2010.
[3]冯纪忠. 意动与空间:建筑设计与思考[M].北京：东方出版社,2010.
[4]冯纪忠. 组景刍议[J].上海：同济大学学报，1979年04期.
[5]高静. 基于知觉现象学的建筑空间体验初探[D]. 大连：大连理工大学, 2010.
[6]童明. 自基地萌发[J].北京：建筑学报, 2012.

云南梅里 · 既下山
SUNYATA MEILI

文　字	成婧
摄　影	偏方摄影（石梓峰 杨轻轻）
资料提供	重庆尚壹扬设计

地　点	云南迪庆藏族自治州德钦县升平镇雾浓顶
设计团队	重庆尚壹扬设计
设计师	谢柯、支鸿鑫、杨凯、刘晓婕、陈惠琼、张登峰
陈设设计师	郑亚佳、洪弘、张文娟、吴思羽
建筑设计	赵杨
建筑占地面积	800m²
室内面积	1797m²
建设单位	云南德钦县无序与集酒店有限公司
施工单位	云南润佳装饰设计工程有限公司
设计时间	2017年5月～2018年11月
建造时间	2017年10月～2018年11月

1 阳光穿透窗框，投射在拙朴的家具以及斑驳的墙壁上，展现朴素纯粹的美学趣味

2 三层的酒店是一座地域属性极强的建筑，顶层是一个观景屋顶，同时附带一个极具现代感的矩形玻璃盒子

对于被焦虑与忙碌所裹挟的当代人来说，凝神而望是一种古老、缓慢、静谧、如上古祭祀般遥远的行为与仪式。在这过去的半个世纪里，人们的观看方式已彻底改变，世界越是目不暇接，人们越是计较那"入眼入心"的观看成本。凝神而望的能力正在悄悄丧失，与此同时，在凝望的过程中不断被加持的自我与外部世界的平衡，也正随之倾覆。

然而，总有先知先觉的人，会在现代性的焦虑与失衡之下，给世人提供点什么，哪怕仅仅只是一些经验和方向。

2018 年年末，在香格里拉靠近德钦县城的雾浓顶村，一座藏式与现代相结合的建筑，在海拔 3600m、紧靠白马雪山、面朝梅里雪山的地方，古朴而谦卑地矗立起来。在我眼里，它是我们这个时代背景之下的超文本符号，为那些对精神与灵魂有所渴求的现代人，开启了一扇可以"凝神而望"的窗：窗外，是雪山的恢弘，是山神的悲悯；而窗内，则是自己来自鸿蒙宇宙最开始时赤条条的纯粹与安宁。这就是既下山·梅里酒店。

从商业的角度来讲，既下山·梅里酒店是以体验为导向的目的地酒店。窗外的卡瓦格博峰，以完美的金字塔状，高耸于梅里雪山群山顶部近千米之巅，气势磅礴，雄伟壮丽，它既是藏传佛教的朝觐圣地，更是藏区八大神山之首，以其恢弘的气魄与圣洁的程度，征服着每一个与之遥遥凝望的人。

然而，整个酒店从建筑到设计，从功能诉求到空间氛围，并未全然建立在对梅里雪山以及卡瓦格博峰的旅游价值之上。它一部分向内心静谧处游走，一部分沿信仰最神秘处追溯，以更加深邃内敛的方式，在当代性与藏地文化之间，辟出了一方在日常生活之中亦有所精神寄托的侘寂之地，成为既下山·梅里酒店极具感染力的来源。

独立建筑师赵扬，在既下山·梅里酒店的建筑设计中，以德钦地区传统的藏式建筑为原型，并参照现代建筑的标准，提炼出一种既具现代感又蕴藏藏地文化特色的建筑形态与建构方式。如，继续采用藏式建筑特有的收分墙体结构，使得墙体上窄下宽，既保证了建筑的稳定性，也在一定程度上，满足了德钦藏人在居住方式上

的"集体记忆"；而传统夯土质地的沿用，则让酒店根植于这个古朴的藏族村落有了可能。除此之外，在神性的普遍性的理解上，建筑师赵扬对藏传佛教元素进行了抽象化处理，给了整个建筑以日常性悲悯的氛围。

这是一座地域属性极强、包括 3 层客房一个观景屋顶的建筑，同时附带有一个极具现代感的矩形玻璃盒子，作为三面可以观景的餐厅。而梅里雪山就在眼前，你什么也不需要做，只需坐在这里，便能全息地感知它的存在。

如果说，建筑师赵扬确定了既下山·梅里酒店传统与当代、藏地文化精神与现代性日常标准的基调，那么，室内设计师谢柯与支泓鑫，则让空间内里的每一个细微之处，都向外散发出一种对日常更具深刻的朴素的美。它内敛、屈从、温暖，接纳着每一个试图从傲慢的世俗追求里游离出走的现代人，并在某个不经意的转角之处，适时地将谦卑施予每一位空间体验者。

法国哲学家，莫里斯·梅洛·庞蒂曾向世人追问：如果不借助概念而只凭借直接经验，我们将如何感知和描述外部世界？这是一个难以回答的问题。但正如梅

|1|2|

1　套房室内

2　三层的酒店是一座地域属性极强的建筑，顶层是一个观景屋顶，同时附带一个极具现代感的矩形玻璃盒子

洛·庞蒂本人提出的"知觉为先"的概念一样，设计师谢柯与支泓鑫在对既下山·梅里酒店的空间呈现中，似乎也同样相信，人会自觉地对"周遭环境的召唤"作出回应，因此而把问题集中在了对直接经验的转化与处理上。在这里，我们可以感受到，大量丰富且异质的元素、概念、符号被抽象化了，转化为一种对物的感知与体验。这在一定程度上，也暗合着佛学中关于"觉性"的理解。

酒店大堂中的仪式感首先来自两层空间高度的肃穆性与神秘性，辅以沉稳的大地色和古朴粗粝的木质质感，给了空间向内退守的气质。与此同时，被抽象为视觉肌理与人文印记的佛教壁画，以斑驳、隐约的方式进行特殊处理，在光与窗棂的交错之中，预示着藏地日常生活与当代人文意识在视觉表现与内心感受上相互叠印的趋势，成为空间浑然自洽的基础。

为了回归一种朴素的心境，酒店选择以剪式楼梯作为空间纵向的交通动线，并在室内围合成一个直达天顶的"内庭院"，

增加了公共空间的舒适性，也以此为据点，形成了一个半开放的、以横断山脉区域博物学为主题的休闲书屋。

拾级而上，抬头。一片经手工捶打而形成的巨型金箔，宛如佛堂上空的金色巨幡，以最自然的弧度肃穆地弯曲下垂，横挂在我们的头顶，幻化为内心深处对于信仰与皈依的渴望。毫无疑问，这是一个有关上升空间的深刻的隐喻，尤其是天光照在金箔上并向地面投射出金色柔光时，仿佛尘世鸿蒙初开，空间开始深邃、弯曲，引人至纯粹通达之境。

空间之所以流动，很大一部分来源于空间叙述中隐而不露的指引，是环境与人及其直觉的召唤和回应。在既下山·梅里酒店的室内设计中，设计师谢柯与支泓鑫深谙其道，一次次巧妙地通过空间本身对精神与情感的映射，把空间体验者指引向顶层，指引向那一场宏大的、亘古绵密的、吞没一切存在的凝望。

这样的凝望，在既下山·梅里酒店的每一间客房，都能得到最质朴与直接的接

续，在坐立起居的日常之中，感受窗外圣洁的卡瓦格博雪山的巍峨、壮丽、神秘，以及如神佛般如如不动的慈悲。

毫无疑问，既下山·梅里酒店是美的，它美得如此谦逊，如此动人。但它的美不仅仅只是一种纯粹的美学趣味，它更意味着一种通过其斑驳的墙壁、阳光穿透的窗框、拙朴的家具、极具当代感的画作、粗粝的手工陶器、窗外皑皑的雪山等这一切所鼓励的朴素的生活方式。它使得我们超越日常的习惯，进而去关注所有物的交流能力，并以此回到人的自身，在自我体察过程中，得到自由与平和。

就这样，设计师谢柯与支泓鑫以他们对空间情绪的理解，和对室内外人与物与自然之间关联节点的处理，实现了现代主义建筑大师勒·柯布西耶对现代性日常居住的理想愿景，他说："（现代人）需要的只是一个简单的斗室，有明媚的阳光，有充足的供暖，以及一个可供眺望星星的角落即可。"只是在这里，星星替换成了雪山，斗室与阳光依旧。END

1　套房室内

2.3　顶层的矩形"玻璃盒子",三面可
以观景,室内部分可作为餐厅使用

```
| 1 2 3 | 5 |
| 4     | 6 |
```

1　酒店选择以剪式楼梯作为空间纵向的交通动线，在室内围合成一个直达顶棚的"内庭院"

2　酒店沿用传统夯土的质地，呼应了所处的地域——古朴的藏族村落

3　室内的装饰，既具现代感又蕴藏藏地文化特色

4　卫浴空间入口

5　整个酒店以德钦地区传统的藏式建筑为原型，采用收分墙体结构，使得墙体上窄下宽

6　卧室及开放式卫浴

北京璞瑄酒店
PUXUAN HOTEL BEIJING

撰　　文	Vivian
资料提供	北京璞瑄酒店

地　　点	北京市王府井大街1号
建筑设计	奥雷·舍人（Büro Ole Scheeren）
室内设计	MQ studio
开业时间	2019年

1.2 外观

对大多数人来说，URC（Urban Resort Concepts）是个陌生的酒店集团，而谈到这家酒店集团旗下的上海璞丽酒店，几乎无人不晓，它早在十年前就开创了城中的隐逸风尚，让国人意识到"都市桃源"的美好。

上海世博会前夕，璞丽取得了空前的成功，简约禅意的都市度假酒店概念自此在中国风靡一时，其设计手法也被设计界反复借鉴，如中国古代传统御用的"金砖"、景观落地窗搭配百叶帘、入口的竹林、与现代家具共处一室的古董……都早已成为"爆款"。

十年后，上海璞丽的姐妹店——北京璞瑄低调开业，其以意想不到的方式重新书写了中国文化。这并非一种看似绚烂而热闹的表皮，当你步入其间，这种在细节中体现奢华与精妙的设计令人念念不忘，刷新了人们对奢华酒店的认知。璞瑄将此称为"东道艺术"，这是种希望通过简约设

计、氛围营造、精湛工艺、专注细节，重返奢华的起源。

对建筑控来说，璞瑄是个不容错过的打卡地标，其所在的嘉德艺术中心由奥雷·舍人设计，他此前服务于OMA，CCTV也是出自他的手笔。璞瑄位于北京嘉德艺术中心的上层，以悬浮飘逸之姿在这城市心脏之地恭迎桃源之客。

在嘉德艺术中心项目中，你看不到奥雷之前作品中那些极具冲击力的悬挑和具有未来感的形式实验，设计师并没有刻意加剧新旧设计间的张力，而是以一种混合感来消解两者之间的张力。将不同部分元素进行转换，在新旧之间取得了微妙的平衡，设计师在将新建筑置入北京古城肌理的同时，与周围环境协调。

在建筑低层的堆叠部分，主要是由灰色石材建成，同样在材料和颜色上呼应了周边的语境，显得冷静而安静，建筑上方

悬浮的四方环则体现了北京作为全球大都会的现代化。传世名画《富春山居图》在经过抽象提炼后，像素化地以圆形透镜嵌入灰色玄武岩中，如旋律般环绕点亮建筑外立面，亦画亦窗，也为室内注入自然光线。

真正的惊喜并不仅仅局限于表皮，迈入璞瑄后，才能感受到建筑师的深意所在。与外观沉稳的方盒子不同，璞瑄的内部空间并不单一，在酒店内部穿越时，就仿佛有着身置胡同小道的错觉，错落有致的庭院、露台点缀其间，自然光线从不同的角度洒进来。房间内极具突破性的"玻璃砖墙"与中国传统的花窗是一样的，从内部向外看，是对于光线的一种过滤，让客人以璞瑄的艺术视角来体验别样的北京城。

璞瑄的室内设计由MQ studio打造，他们将现代雅致的装修风格与历史景观浓缩融合，而这种奢华内敛，却将建筑之美贯穿摩登空间设计之中的手法便是URC集团

	2
	3

1　大堂吧可以直接遥望景山

2　一楼的入口讲究中国传统的对称格局

3　大堂的沙发卡座很有新意

标志性的设计理念。

　　"奥雷的设计，已经为建筑定下了'胡同'的基调，而我们的室内设计策略，则是在内部创造出一个院中院的感觉，通过一系列尺度不一、错落分层的庭院、露台，来营造这种效果。让客人在不同的区域，可以感受四季的变化和光线的流动。"MQ studio 设计事务所创始人 Andy Hall 说，"东方建筑，非常讲究室内与室外的关设计事务所创始人系，中国人也非常懂得室内外的生活互动。从某种程度上说，我并没有去设计庭院，而是庭院和传统生活本身教会我怎么去认识、运用光线和四季在空间中的运行流转。"

　　璞瑄的入口如同璞丽一样，仍然是讲究中国传统的对称格局，而且静谧幽深，刻意过滤外部的喧嚣。推开厚重的大门，宽敞开阔的递进式前厅首先映入眼帘，而特殊定制的超高镀色金属网片造型展现出了空间的高挑和通透。

　　位于四层的大堂是标准的四边合院格局，接待厅、图书馆、大堂吧和走廊各占一边，刚好围起中部的水景庭院。其中，

公共区域的沙发布置非常有意思，这些沙发均靠墙放置，就仿佛候机室一般，而与之搭配的案几也几乎不摆放任何物件和装点。别具新意的方式充分考虑了空间的使用效率，也更符合璞瑄极简的风格。

　　"玻璃四合院"中部的"玻璃魔方"则是令人叹服的又一处所在，高挑的空间内以木制家具和进口鳗鱼皮硬包为主，自然光和隐藏式灯光系统将室内衬托得静谧温馨。其空间设计也沿袭了中式建筑的含蓄，中厅和露台用书架、回廊、半透光移门和竹帘缓冲，使光线穿越半透光玻璃产生丝缎般的光泽。这个区域内还有一组装备了 Bulthaup 橱柜的居家空间，全天候的大厨可以为你独家烹饪，也可以深夜独自前来，从橱柜中选些自己心仪的食材，与友人来个深夜食堂。值得一提的是，璞瑄的入住时间非常有趣，它是从入住时刻开始计算，可以住满 24 小时的酒店，全天都可以 check in。

　　如前所述，璞瑄的客房均位于这栋巨型玻璃四合院的上方，在 10 款房型中，大多数都可以眺望紫禁城的壮丽景色，或是

领略中国美术馆的风采。房间内还配备了具有超高清显示功能的 LOEWE 电视，家具也是出自爱马仕与蒋琼耳联手打造的"上下"品牌。业主嘉德艺术中心更是亲自策划了酒店内的艺术品，意欲展示当代中国艺术精髓。客房中令人震惊的保险柜堪比私家金库，开柜方式也相当精密，目的就是为了收纳住客携带价值连城的艺术品。当然，每间客房都可以成为拍卖"包厢"，在房间内借助实况，用客房电话参与竞拍。

　　酒店二层的法国餐厅一改奢华酒店定位全正餐的套路，而是意图打造一个惬意温情的法国地道小酒馆。电梯门前就采用了满墙活泼的黑白马赛克与小白砖拼搭，展现出其轻松诙谐的特色。三层的富春居中餐厅沿用了在上海璞丽大受好评的"金砖"——这是种在古代殿宇中才舍得使用的材料，设计师用满地金砖辅以大量琥珀色装点，以此向太和殿和老北京琉璃致敬。流畅的弧形金属条把餐厅大堂就餐区分割成为一个半开放空间，巧妙地处理了每张桌子之间的过渡问题。 END

1.3 富春居中餐厅
2 璞瑄汇

1-4 客房

厦门佳逸希尔顿格芮精选酒店
JOYZE HOTEL XIAMEN, CURIO COLLECTION BY HILTON

摄　　影	张超摄影工作室、秋信&CCD
资料提供	深圳汤桦建筑设计事务所有限公司、CCD香港郑中设计事务所

地　　点	福建厦门市思明区曾厝垵龙虎山路6-8号
总建筑面积	41840.30m²
建筑设计	深圳汤桦建筑设计事务所有限公司
主创建筑师	汤桦
设计团队	刘柳、卢璟、王思聪、杨原
室内设计	CCD香港郑中设计事务所
景观设计	深圳汤桦建筑设计事务所有限公司
施工图设计	中元（厦门）工程设计研究院有限公司
业　　主	厦门佳逸酒店管理集团
竣工时间	2018年

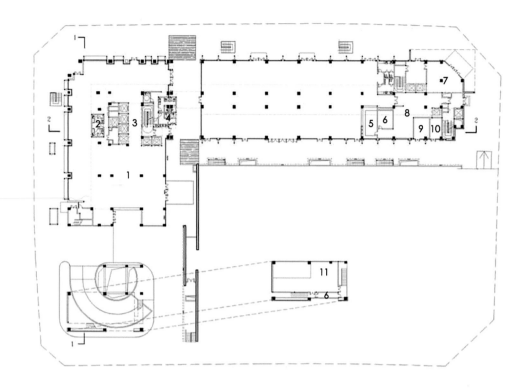

I　大堂
2　更衣室
3　电梯间
4　洗手间
5　备餐厅
6　储藏间
7　SPA 接待门厅
8　厨房
9　安保控制室
10　消防控制室
11　开闭所

N　0　5　10　15m

I　平面图
2.3　酒店入口

厦门佳逸希尔顿格芮精选酒店选址于厦门市思明区曾厝垵，北靠东坪山，南临环岛路海岸线。曾厝垵自明代起便成为厦门对外通商港口的船只避风港，保留了传统的渔村肌理。在这样一个具有显著场所特质的地区建造精选酒店，设计本身也成为了当地文化风貌延续和发展的一部分。

项目用地紧凑，酒店客房顺应道路坐标系南北向布局，以最大化利用场地空间，并争取最好的景观朝向。酒店标准客房部分被集中布置在场地北侧，成为一栋6层的"L"型建筑，我们又进一步把这个大体量的建筑拆解成尺度更为亲切的六个坡顶小盒子。别墅客房部分则是一幢幢3层独栋建筑，规整地排布在场地南侧，尽量远离城市干道，减少噪音干扰。聚落式的建筑布局创造了许多小尺度公共空间，我们把这些公共空间处理成为片墙、庭院、街巷和空中花园，从平面上看建筑就像一个微缩的渔村。

酒店入口的设计摒弃了直白地进入酒店大堂的传统方式，延续了闽南大宅含蓄的空间序列逻辑：从开敞的城市区域，到半私密的街巷空间，再到私密的院落。要进入酒店，宾客会经片墙引导，穿过竹林，转入一个位于场地西南侧的架空通廊，而后从数米宽的大门推门而入，到达酒店明亮开阔的大堂和文化展示区，实现多层次的空间体验。

酒店室内设计将当地文化历史融于空间细节。酒店公共区域的平面规划，仿照曾厝垵村落的分布，不同区域之间有片墙区隔，有景观穿插，每一个区域就像一个盒子，代表着一户人家，有不同的性格及设计。宾客进入酒店仿佛开展错落有致的村落之旅，有巷、有片墙、有景观。由方块盒子构成的墙面，从下往上由虚到实的变化，带给人一种水上漂浮的感觉，而有序的角度渐变又有一种随水流摆动的韵律感；接待台的一角漂浮到空中，成为泛着暖光的吊灯，漂浮在海上，巧妙地表达"海上浮城"的设计概念。

客房的设计自然、温馨、舒适，营造出家的感觉，同时在平面布置上尽可能地把空间打开，形成通透的视觉感受。摆脱传统框架，强化空间功能互作延伸，使每个区域皆能单独使用，又可连通。进入客房门廊便是衣帽间、行李架，通过设计让走道产生更多的功能性，最大面积地利用空间。细节上，也紧扣浮城的概念，如岛台、床体都是悬浮于地面。

闽南传统建筑在立面处理上广泛采用"出砖入石"的手法，利用形状各异的石材、红砖和瓦砾的交错堆叠来构筑墙体，利用材质的变化和拼接产生丰富的视觉效果。厦门佳逸希尔顿格芮精选酒店的设计则加入金属元素媒介，与砖、石共同构成立面表达的点、线、面。客房的"花窗"由低明度金属飘板围合，在纵向上打开了一处缺口，这样在自下而上的夜晚整体照明亮起时，缺口上方产生星星点点的漏光，随着房间的开灯和关灯形成一个个富有变化的"点"。在建筑各个坡顶之间的缝隙和南侧立面上植入一系列形态各异的"空盒子"，用金属铝板和竖向格栅界定空间的线型边界。整体上，建筑立面在纵向上被划分为两个层次，其中建筑一、二层的外立面采用宜人的浅褐色干挂石材，三层以上喷涂浅灰色涂料，而材质的转换处以一条窄窄的金属铝板作为连接节点，产生色彩和质感的对比。■

| 1 2 3 | 4 |

1.4　酒店大堂

2　酒店内部空间

3　酒店客房

山居
A GUEST ROOM WITH HILLSIDE AND CAVES

撰　　文	韩文强
摄　　影	金伟琦
资料提供	建筑营设计工作室

地　　点	北京市通州区新光大中心
设计公司	建筑营设计工作室
设计团队	韩文强、宋慧中
面　　积	80m²
设计时间	2018年6月~2018年8月
施工时间	2018年9月~2018年11月

1　隐藏式迷你吧

2　全景

3　分析图

4　原始空间

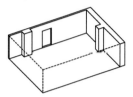

原始空间

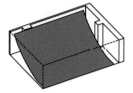

起伏山体

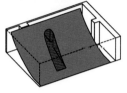

入口空间

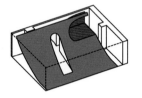

卧空间

浴空间和卫空间

辅助功能空间

山居是位于北京通州新光大中心28层的一间客房。它是在都市高层建筑标准单元之中实现居住乐趣的尝试，也是一种对未来生活方式可能性的探索。

人类最初的居所是山洞。山洞是预先存在的，并不是为人类而存在。但是人根据身体行为定义了自然环境，使其可居。古人的理想居住状态是归隐于山林，代表一种脱离俗世、与自然和谐的生活境界。当代城市中人们居住在钢筋混凝土的丛林，居所变成一种标准化的空间产品。山居即是基于以上三种居住方式的再思考——回到居住的本源，激发身体行为与外部环境的互动关系。

在规整的长方形室内空间之中，地面由窗边向内缓缓抬升成为一个山坡，让内部人的行为与窗外景色产生立体的对应关系。生活起居的五种基本行为：入、卧、憩、浴、卫被嵌入在这片人造山坡之中。

山下的洞穴是入口和卫生间，山上视野最佳的位置是睡觉和洗浴的地方，山坡则是行走、休憩的界面。山的表面材料是软木地板，具有柔软、温暖的质感。洞穴可以被看作是定制的家具，由身体尺度和行为进一步定义出使用功能。一些当代生活的必要设施，包括智能设备、全屏投影等被隐藏在墙面和顶棚中，满足生活所需。

人工与自然，原始与精致，确定与模糊共存于这个空间之中。这可能不是一个传统意义上"舒适"的空间，但也许那些习惯了城市舒适生活的人们置身其中时，可以被激发一些感官的本能，回归身体体验，重拾居住生活的乐趣。█

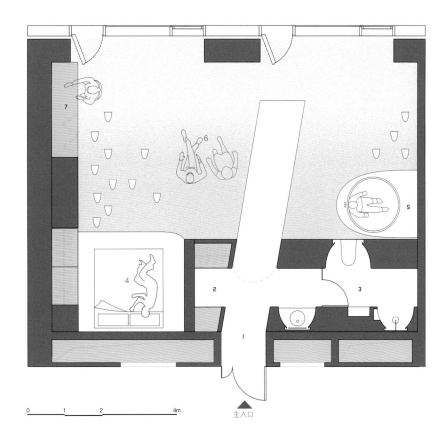

1　玄关
2　衣帽间
3　卫生间
4　卧空间
5　浴空间
6　山坡客厅
7　迷你吧

0　　1　　2　　　　4m

主入口

1		3	
2		4 5	

1　平面图
2　全屏投影
3　山坡客厅
4　山洞浴空间
5　山洞卧空间

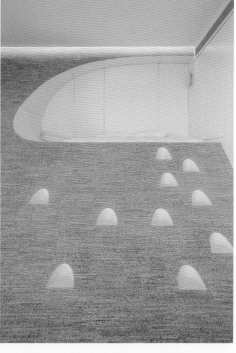

1　山坡下淋浴间

2　入口

3　轴测图

4　山坡下卫生间

结缘堂
WHATSLOVE

撰 文 ｜ 袁牧
摄 影 ｜ CreatAR Images

地 点 ｜ 中国桐庐青龙坞
设计公司 ｜ Wutopia Lab
主持建筑师 ｜ 俞挺
项目建筑师 ｜ 孙丽然
业 主 ｜ 上海风语筑展示股份有限公司
数字化建造 ｜ 大界机器人／赖冠廷、梁喆、黄培宜、黄梓洵、哈玉宏
结构顾问 ｜ 和作结构建筑研究所／张准
照明设计 ｜ 张晨露
面 积 ｜ 6.9㎡
材 料 ｜ 碳纤维
竣工时间 ｜ 2019年3月14日

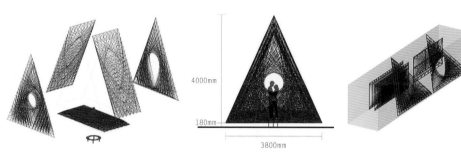

Wutopia Lab 在浙江桐庐青龙坞委托大界机器人完成了为上海风语筑展示股份有限公司设计的中国第一栋全碳纤维结构建筑——关于爱情的结缘堂。

建筑师俞挺受传统文化中"朱丝萦社"的启发，希望用红色的线来缠绕出整个结缘堂，摒弃建筑性，红线需要缠绕出一个视觉形象，而不是一个实体的物理空间。大界运用先进的数字化技术和机器人控制算法，在机器人的有效运动范围内，完成了高4m、宽3.8m的大型建筑构件的一次性成型，耗费90小时以7200m连绵不断的碳纤维束编织成了这个红色的结缘堂。

红色三角的结缘堂，因为小巧的体量和通透的设计，一看就像一个标志物、雕塑，或者说装置艺术品。

但这并不是它的全部。因为明确限定了可容纳多人的内部空间，并具备足够承载力的结构系统，它超出了表皮和装饰，具有完整意义上的结构和空间，所以也是一座建筑，虽然是更接近于亭榭一类的景观建筑。

这样一座兼具装置和建筑特征的标志物，最有趣之处在于其创新的建造方式——编织。

编织物在古今中外的很多建筑中都并不罕见，绳网、拉索都算是常见的建筑构件。但单纯使用编织来完成全部结构，却是非常创新的方法。其前提则是材料能够软到可以编织、又硬到可以支持荷载，这也是碳纤维这种新锐材料的特点之一。虽然以纤维为主，但碳纤维复合材料不是只受拉力，而是兼有受压受拉受弯，因而能形成完整结构，而不必借助钢龙骨或其他材料支撑。

编织建筑，是古老传统的延续，也是现代科技的结晶。

编织远比简单的垒砌复杂，因而总是要有精细的设计：在直线形中进行均分点位斜拉并形成曲线的方式，显然源自古老的卷杀算法，这与正常纺织品在直角坐标系中经纬编织方式不同，却与空间结构的三角关系吻合；具体的承载力优化，则需要基于现代材料结构力学的计算机进行计算定型。

采用机器人自动编织的建造方式，更增添了一层智能和创新的意味。

意外的是，用软件进行复杂计算并用机器人自动化建造的形式，不是复杂的曲线形，却是简单的三角形，这不只是为了切合最初的建筑原型。我想真正体现智慧生物的特征的，本就是直线形，恰如《2001：太空漫游》里的黑方块。

这样的编织建筑，兼顾了传统和创新，人文和科技，自然和建筑。

至于这种建造方式跟爱情是什么关系？本来没有关系。

但这种自动化编织与更流行的增材打印，都指向更多的个性化和更高的自由度。正如数码相机和个人打印机、手机拍照和修图软件：前者打败了照相馆，后者打败了前者。从大工业时代到数字时代，从同质化大规模生产走向个性化智能化定制，工具越来越贴近普通用户的个人需要。

虽然这无关爱情，但与爱情的需求如此相似：更个性，更自由，更纯粹。■

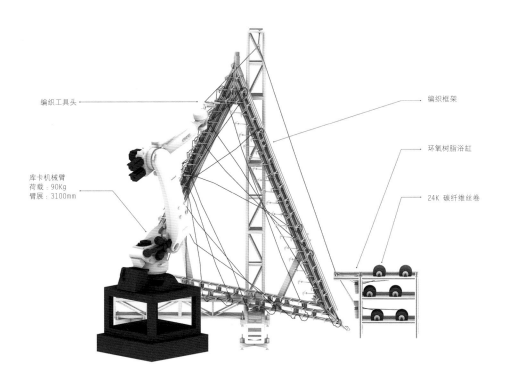

编织工具头

库卡机械臂
荷载：90Kg
臂展：3100mm

编织框架

环氧树脂浴缸

24K 碳纤维丝卷

1–3.5　机器人编织过程

4　机器人编织图解

6.7　结缘堂是关于爱情的

8　夜景

藏在空间里的十二行诗
TWELVE PIECES OF POEMS FOR BY JOVE

摄　影 | Arttteeezy、含之

地　点 | 杭州凤起路288号
主创建筑师 | 夏慕蓉、李智
设计团队 | 李信良、郑雅惠
施工图设计 | 张志德
插　画 | samoon

| | 2 | 3 |

1　形态雕塑 (©Arttteeezy)

2　蓝与白 (©Arttteeezy)

3　Mur Mur Lab 制造的场景 (©samoon)

4　入口 (©Arttteeezy)

Joyce 找到我，想为 BY JOVE 在杭州的花店做一个特别的空间。真是有趣的业主啊，浪漫隽永的永生花在她手中被赋予了另一种亲近可爱的温度。虽是花店，但又包含了咖啡、家居用品和花艺培训的复合功能。我认为这会是 Mur Mur Lab" 现象 " 最丰富的一家未来商店，用温柔的弧线怀抱起十二首温暖的 " 情 " 诗。

这是一个从局部出发的设计。框架退在后面，我尝试描述每个场景的状态。光线经过纱帘过滤是怎样的模样？深蓝的夜空会不会洒下柔和的星光？雨滴落下的瞬间能不能被捕捉和记忆？这些美好的想象，在它们被锚固在场地之前，就已经先于空间存在了。在这里，局部之和大于整体。

戏剧性的叙事从进入之前已经展开 —— 城市乱流中的一片白和一抹蓝。

空间中，白是底色，它是斑斓色彩最好的背景。不同质感的白沿着微曲的路径，依次展开。白色的纱帘，白色的水泥，白色的磨石，白色的亚克力，所有的白滤过日光，变得生动起来。自然光是唯一使建筑成为艺术的光线。蓝夹在白与白之间，像是一个停顿，或是暗示。随着旋转的台阶，你似乎远离了光，在至暗处，有星光洒下。

最初是虚无，继而是更深的虚无，虚无的更深远之处，是一片深蓝。

告别的时候，希望你还记得走过的白日梦，来自十二首诗的启示。人会变老，生活也会逼着我们去成为大人，抛弃稚嫩，变得稳重。而你就会发现以前的自己再也回不去了，拥有一颗童心是值得庆幸的事。

藏在这里的天真，如果你非常敏锐，就可以捕捉到。 END

1 回望（©Arttteeezy）

2 形态雕塑（©Arttteeezy）

3.5 美术馆的雏形（©Arttteeezy）

4 雨是一种漂亮的动物（©Arttteeezy）

Assemble by Réel 概念店
ASSEMBLE BY RÉEL

撰　文	Frances Arnold
摄　影	Dirk Weiblen

地　点	上海
室内设计	Kokaistudios
首席设计师	Filippo Gabbiani，Andrea Destefanis
面　积	1037m²
设计团队	蒋斌、黄婉倩、徐睿辰
竣工时间	2018年8月

Kokaistudios 从上海千禧一代的多元化生活方式中汲取设计灵感，真正将自然引入了 Assemble by Réel 概念店。带领顾客进行一场风格之旅，清晰的平面布局配以抓人眼球的艺术装置，设计引导顾客穿行于特色鲜明的空间，令人印象深刻。

Assemble by Réel 位于上海高奢购物中心——芮欧百货的三层，是一家男士时尚及生活方式概念店。在初涉空间平面布局时，Kokaistudios 将城市气质及年轻一代对时尚潮流的热情纳入思考。室内设计以高辨识度的城市建筑母题及引人注目的装置艺术为亮点，为每个空间打造了独特的时尚标识：经典款、设计感、都市性及现代感。这四个区域共同描绘了中国最酷的一代消费者的生活方式，以清晰的流线带给顾客难忘的购物体验。

Assemble by Réel 是一处建筑面积逾 1,000 m^2 的单层空间，内侧连续的落地窗作为设计亮点之一，让人们可以俯瞰绿树成荫的静安公园。为最大化利用自然光，设计师选择半开放的平面布局方式，因不同产品的陈列功能不同而打造特色主题区域：教堂区、公园区、滑板公园区和艺术馆区。这一设计方案在优化自然光的同时打通了不同分区之间的联系，最大化空间的整体效能。

从主入口进入，顾客们会发现自己被一系列颇具戏剧感的柱廊所包围。成角的分区隔断由经典石灰华石膏饰面，向内随意一瞥是经典的时尚天地，经营定制西装、高档皮具等产品。柔和散射的光线营造出宁静精致的氛围，而走道端头则是优雅的木拱门，唤起迷宫式的亲密感，与店入口处的地板形成鲜明对比。

接下来，顾客们将被引导至更加明快、宁静的公园区。这里开敞通透，将绿色景观通过落地窗延引至室内。树状的圆柱形椅子分散在木质的展示区中。交谈吧台占据了中心位置，致敬公园的演奏台和展亭。交谈吧台舒适温馨，并以咖啡和休闲为设计理念，设强化了 Assemble by Réel 的生活方式主题。该区域采用自然色调，为最前卫新锐的时尚设计师系列提供了展示才华的舞台。

再往前走，顾客们将进入店内最令人印象深刻的空间之一：滑板公园区。为契合城市休闲生活的调性，这一区部分商品直接陈列在梯形水磨石台阶周围；如此设计是为了体现真实的、原始的活力，该装置既可以用来摆放街头服饰、潮鞋，也可以作为座椅让顾客休憩。试衣间的斜坡屋顶灵感来源于充满张力的滑板坡道，为整个空间增添了鲜活的气息。

这场城市主题的生活方式之旅以艺术画廊区收束。作为该空间的另一个入口，展览式的商品陈列方式将空间延伸至商场，这些有趣迷人的艺术配饰会吸引购物者进入。亮白色的空间，商品被置放在白色穿孔金属方体上，隐在半透明的隔断后，引人一探究竟。

室内设计由四个独特的区域组成，展现了年轻一代消费者复杂、多方面的生活方式，彰显了个人风格。从功能上而言，设计将原本开阔的空间分隔开来，精心构建一个流动空间，商店的布局旨在让顾客享受一次真正意义上的、形象的探索之旅。Assemble by Réel 通过设计手法对大都市加以映射，萃取了都市活力的神髓，对它所承载的多元生活方式遥遥致意。END

言几又·迈科中心旗舰店
YJY MAIKE CENTRE FLAGSHIP

摄　　影	Nacasa & Partners
资料提供	池贝知子/ ikg inc.

地　　点	西安市高新区锦业路12号
业　　主	迈科集团
设计公司	ikg inc.
设 计 师	池贝知子
室内设计公司	ikg inc.
面　　积	4500m² (1F/2F)
竣工时间	2018年12月
合作设计公司	A Factory inc. / JPM Co, Ltd.
灯光设计	sola associates
视觉识别	ujidesign
标识设计	ujidesign

　　曾是中国十三代王朝都城的西安有着引领最先端科技的高新技术产业开发区。在耸立于开发区一隅的时尚建筑迈科中心内的一二层，由日本著名设计师池贝知子女士操刀打造了覆盖 4500m²、以书店为主的综合商业设施"言几又·迈科中心旗舰店"。世界遗产兵马俑、丝绸之路的起点、具有深厚文化底蕴的古都、上层君悦酒店的奢华环境、曲线型双塔建筑的优美造型，在这些赋予强烈印象的特征的基础上，打造促进东西方交流、文化融合、人与书邂逅结缘的品质空间。

　　以"阅读空间与画廊"（Library & Gallery）为主题，将追求时间质量的人们向往的阅读空间和感受文化艺术的空间这两个要素融合在一起，采用了可诱发顾客与书店创意的互动、共同营造理想环境的"宫殿式布局"。如同宫殿，从一个房间步入另一个房间，以符合人性尺度的空间构成，实现"人与人"、"人与书"、"人与空间"的亲和，就像众人喜爱的"家"，给人们归属感。

　　一楼的挑空门厅设置了 10m 高的书架，强烈的存在感使步入书店的人们瞬间感受到置身书店的氛围；旋转楼梯处的挑空中庭地面采用了明快的色调；顶棚采用了镜面处理，给人以不同于周围景色的印象；挑空空间悬挂的照明，如同飞舞的纸片；用石材镶嵌出西安中心区域地图的舞台，可用于举办丰富多彩的活动。

　　二楼兼具酒店休憩区功能，设立了吧台，为办公楼内的员工提供交流的场所。宽 5m、长 50m 的图书长廊，通过降低顶棚的高度和采用色彩厚重的地毯，同时在书架上设置了展示柜，营造出如画廊一般的充满艺术氛围的空间。这些触目可及、饱含文化元素的艺术作品，都是根据当地的文化主题而量身定做的。紧密融入中华历史文化积淀，整个空间充盈着古典氛围与情趣。在这里，可以使到访的客人放松心情、舒缓压力、探求、沉思、享受人生，踏上一段超越时空的创意与心灵之旅。END

Ⅰ	3
2	4

Ⅰ　图书和座位区

2　儿童空间

3.4　图书和咖啡区

陈卫新

设计师，诗人。现居南京。地域文化关注者。长期从事历史建筑的修缮与设计，主张以低成本的自然更新方式活化城市历史街区。

灯随录（五）

撰　文｜陈卫新

27

小时候看《七侠五义》，里面有南侠御猫展昭展熊飞，特别的佩服，他有个称谓，御前四品带刀护卫。什么意思呢，就是可以带着刀的有等级的护卫，这里面主要讲的是信任问题。文化人也有，虽然没有御前四品带笔护卫，上书房行走也是有的。但是信任本身归根到底是很难分等级的。有就是有，没有就是没有。从来没有无缘无故的信任。晚上在家喝粥，电视里正在播放京戏的票友大赛。"沙陀国里，访一访，问一问，怕老婆的人儿，孤是第一名"，这是《珠帘寨》里李克用的唱。我对老婆说，我听这个唱词，其实内心是有点不服气的。随后，我便得到了信任。我负责收拾桌子并洗碗。

28

不知道为什么，上海被人称作魔都。在路边一个茶舍避雨。忽然想起了一些人。在晋，他们服金石散，啸台散发。在唐，他们灞桥畅饮，白马从行。在宋，他们溪上坐禅，松石会意。在明清，他们显得格外专注，守在秦淮河边与妓恋爱，到了民国，他们留洋，却只写古老的诗。时光更替之中，有的人讲知其失，守其得。有的人讲知其暗，守其明。长窗外面，天色渐晴，明朗地饮茶总好过暗地里伤心吧，也许更能得茶意。

29

很高兴书店的装修越来越好，投入也越来越大。人们在里面看书、分享、喝咖啡，排队上厕所，打卡。不知道他们买不买书。看上去，拍照的人并不在意背景是本什么样的书。他们喜欢复杂的动线，眩目的镜像，喜欢墙上装满了名言，喜欢把书用细线吊起来当作飞鸟。装修这件事其实是不能计较有什么用的。从生意的角度叫投资，从广告的角度叫引流，从传播的角度叫亮点。生活中有许多亮点都没有用处，人们乐此不疲。但书店终究不该依赖这些。书店应该有对于书的尊重。设计师不会失业，因为他们可以随时设计一个虚拟的乐子，尽管有时也不那么可靠。

30

考察一间新店。来自西雅图的咖啡品牌店正在用一种新的教育模式培养客群。一层咖啡与文创，二层调和茶，三层鸡尾酒。人杂，这样的空间像是一种广谱抗生素。相对这种广泛度，没有在四层做江南的小馄饨或是煎饺是遗憾的。想不起来，好像过世的朱新建先生，最喜欢就着咖啡吃煎饺。中式面点不是因为做不出好口味，只是做不出很好的翻译腔，还因为加不了冰。咖啡馆里可以看的信息很多，包括每一个具体的人。口感在这个空间里并不是最重要的，他们都很清楚，他们混在一个巨大的复合容器里，互相关注，消费自己。所有的饮品感受里，加冰的成本最低。

31

把球踢进一个球门重要，还是临睡前吃一只新鲜苹果重要？傍晚的时候，天色有点一边倒的黑暗。这种黑暗混合了散乱

〔所名京南〕 舫畫の湖武玄
PLEASURE-BOOTS IN
THE LAKE GEN-BU, NANGCHIN.

玄武湖的画舫

的白线，让远处几幢高高的楼房显现出烟囱的气质。云头雨是有秘密的。秘密在于无法预知的降落方式以及数量。所以当完整的成打而至的雨点铺在地坪上的时候，咖啡馆里充满了年俗味道。那些洒了混合肥的青草很快就会蔓延开来，顶开石板，形成一个开阔的球场。隔着玻璃有一位黑着脸站在雨廊下的男人，他安静地捧着他的孙子，如同抱着一件极其后悔的事情。他有可能觉得抱着孙子本身就是一种人生态度。这种态度让他失去了对于生活盘带过人的兴趣。他像一根发角球位置上的标杆，冷漠地看着电视里球门的方向。

32

"山中一日，人间千年"，讲的是晋人王质的事。王质山中伐薪，遇童子下棋，观棋一半，斧柯已烂，回到村里才知已经过了千年。这是烂柯山的故事，事情的发生地就是距离不远的衢州石室山。金华古称婺州，与衢州曾经同属一治。遇仙这件事一直是中国人的梦想。短暂的脱离现实似乎只有两种方式，一种是酒醉，一种是遇仙。不喝酒就只能期待遇仙，身在野马岭的几日，一直有一种恍如仙境的感觉。长亭，短亭，花房，石院，隔离尘世的竹墙，青苔斑驳的台阶，写了标语的土墙。功能性的需求在服从基地条件的过程中形成了许多灰空间，也形成了一种特别定义的体验条件。在溪水从上而下的流向里，沈雷

闪转腾挪实现了他对于一个山居酒店的图像再造。金华戏有名，我的一位昆曲界的朋友甚至去金华待了两年，因为金华戏里有大量的戏剧史中的"样本"，其中有明末的高腔、昆曲、清初的乱弹、清中期的徽戏、还有滩簧、时调六种声腔，这些声腔来源于不同时代，不同地区，却能和谐相处，这是金华这个地方强大的消化能力与接受能力形成的。野马岭也是这样，因为沈雷有这些能力，同时还有调度协调的力量。沈雷是个好编剧，好导演，同时还是设计界中游泳的好手，游泳最好的状态是自由地协调地换气。设计亦如此，沈雷的换气换得高级。山中几日，最好的幕间戏就在夜晚的游泳池边。

33

你知道，我不该在雨季的下午弹琴的，总是会犯些你知道的错误。只要稍稍抬高了手，手指便翘了出去，像一枝轻佻的叶子。因为后院的一个门锁坏了，早上老张去修了修，现在算是可以用了（第二章节不再合拍）。梁洲远处的水面起了一阵大雾。老沈家的姑娘前天送了樱桃过来，很甜。盆栽园的那一处房子，绿色的瓦片挂在房子上方，细密的绿，被水泡松了。雨水冲刷过的路面，透露出一些小的石子。闪亮的，一定不止是时间。我们怀疑过一切，包括湖面的倒影。你说，那些荒草淹没的是一尊佛像前的问路。

34

我有五扇窗与两扇门，
可以用来倾听
一个巨大的阴影。
后院中的那些果实
在花朵消亡的后面沙沙作响，
饱满从来都是诱人的，
时光就堆在那里，
风一动便化了。
别再谈寒山僧踪，
禅是个枯萎的松果。
松针戳着掌纹，
命运何时才能收到。
以松涧边的山居留吟歌吧，
那样在道别的时候，
阳光还能推着后背调正我们的声音。

35

只能说枕头才是梦的接驳器，靠在不同的枕头上做的梦是不一样的。任何一幅山水画都有可能是一次偶然的旅行。这与梦很像。如同一块巨石破碎了溪水，谷地里鲜花开放时想起了山风。我有时候会奇怪，为什么有的人早上出门的时候脸上还留差枕头的痕迹，一种布纹或是有形态的折皱。那会是什么样的梦呢。深沉而投入。山间的行旅从何处开始，那些木构的房子吗。屋檐上的雨水已经把石阶边的草冲走了，连同松软的土。它们把种子送去了更远的地方。■END

成长
《"四月天"春季设计师沙龙》

撰 文 ┃ 小满

2019年4月19日，由《室内设计师》与梁师会联合主办，孟也室内创意设计事务所协办的《成长："四月天"春季设计师沙龙》在北京举行。梁建国、陈大瑞、刘峰、孙大勇、生萌、石海峰、吴巍、金永生、崔树和孟也参加了这次活动。

在这个万物生发之季，设计力量生机勃勃。这次由梁师会发起的青年设计师成长沙龙，透过设计工作感悟与交流，让年轻的设计绽放。他们聚集在了一起，畅谈美学，论道设计，在彼此的经验中汲取艺术的营养，于彼此的思想中碰撞出灵感的火花。

作为梁师会的精神领袖，梁建国认为，2018年后，各行各业都进行了新的洗礼，中国的资本时代也已经过去，我们需要回到初心。他认为，在看到危机后，我们就必须去面对，要敢于挑战、敢于思考，要做名战士，把人变回真正的人。

简短的开场白后，主持人孟也抛出了今日的议题——"讨厌自己"，希望到会嘉宾阐述些"不喜欢自己的理由"。他认为，虽然生活中有太多的烦恼需要立马应对、处理和解决，但其实，你如何看待自己、如何与自己相处、到底是为了什么而活着、这些看似乌托邦的问题却能决定一名设计师的价值观，想明白后，才能走得更远。

木美创始人陈大瑞在沙龙中讲述了他的挣扎、他的苦恼，以及他的尝试。在2010年~2013年，他的主要精力全部在设计上，他的小团队专门给其他一些公司和品牌输出设计。而到了2013年后，他就停止了设计服务，专门经营木美，集中出产品，现在，他专心在做自己的原创家具品牌——木美。在付出了更多的精力后，收效却甚微。但他坚信，"原创就是少数的，随着时间的积累，我一定可以找到DNA，创造当代中国审美。"

槃达建筑事务所创始合伙人及主创设计师孙大勇有着室内设计和建筑设计双重身份。认为建筑与室内并不存在本质的差别，室内原本是建筑的一部分，由于行业细分和商业发展，近代才产生了室内设计师的职业。建筑要解决建筑与城市的关系，而室内设计要解决空间与人的关系。二者对空间和体验的追求是一致的，但是对尺度和构建的理解二者也有不同，建筑师应

该用室内设计的思维去关怀人生活和细节，而室内设计师应该用建筑师的思维关注空间和环境，未来二者将会有更大的融合，实现构建美好人居的环境的愿望。

寸design创始人崔树讲述了自己北漂来京的成长故事，让我们接触到了他隐藏在光环后的成长的辛酸。"节奏在我的人生中很重要。最好吃的东西是我们小时候最重要的；大些了，希望得到亲人的情感；再大些了，就是父母的期待；青春期时，我们最大的愿望就是得到最深爱的人；现在，我们认为事业上的成功才是最重要的。但过了这段后，世界又会是怎样的？接下来，还会是家庭，最好吃的东西，80岁后，就是亲人的情感。人生就像是一座山，最高峰就是事业，回到原点后，

贯穿始终的就是情感。"他说，"我们应该在自己的跑道上放慢速度，做最真正的自己。"

自十几年前"建构宜家"获得业界认可后，装置艺术家刘峰一直不断在创新，将日常的设计进行重新解构，创造出新的价值。他现在创办了"嘿黑有馅公司"，全力探索当代艺术和实用设计两者的相容性，作者有着很强烈的超现实主义和戏剧感，并呈现出全新的生活体验和可能性。他将精力着重放在装置艺术创作上，也进行很多体验设计的研究，例如声音、光、空气运动等这些元素的视觉实验，借助一次次浸入式的场景实验，共同探索都市新生活空间的未知体验。

共合设的石海峰、金永生、吴巍，博

洛尼的生萌也就自己的成长经历与大家进行了分享。在大家的分享中，这些走上设计不归路的勇士们一直在不断反思，不断进步。梁建国认为，在现在这个浮躁的社会，人们越来越难静下心来做设计了。大家总是渴望更快地得到市场反馈，立刻看到成果。但设计实际上是一个漫长的过程，它需要你静下心来，心无旁骛地去做。设计者的一个很重要的品质，就是保持对创作的高度热情，不管你遇到了什么样的状况，不要轻言放弃。

"我们这个时代的摆拍太多，机会主义盛行。在没有达到承受力时，我们要学会选择。"梁建国总结道，"从我自身的经历来看，我的成长中有股说不清的力量，没有目的，没有企图，一直在修正自己。" END

造作发布 2019 年度新品
"美术馆"空间套系

2019 年 5 月，造作"美术馆"空间套系全线上市，16 款 56 件单品，适配全屋 5 个空间，涵盖柜架、桌几、软体等全品类，为中国城市年轻人提供全屋世界设计的生活方式解决方案。"美术馆"系列是造作第一个设计大师套系，大容量多产品套系发布的背后是造作设计体系、研发系统、供应链经营效率的全面升级。

"美术馆"空间套系，是造作第一个世界大师设计空间套系，由瑞典新锐设计工作室 NOTE Design Studio 设计。首次辅以画框式装饰包框，突破板式柜体的传统造型；首次使用 0.68m 超高纤细钢腿，告别柜体笨重的固有印象。以设计品的标准，深耕细节把控，以统一的设计语言，带来空间美学的整体定调。

Heavens Portfolio
首届中国路演圆满落幕

2019 年 5 月 20 日 ~5 月 24 日，奢华旅行体验"专家"Heavens Portfolio 携手 9 家奢华酒店及运营商客户，分别于中国上海、北京、成都三地成功举办了首届"China Luxury Week"路演。本次路演为奢华酒店及运营商、业内人士、媒体创造了难得的深入沟通和交流机会，以更个性、更亲密、更有趣的方式引发关于奢华旅行行业的思考和碰撞。

其中，上海站的旅业专场就很有创意地玩起了"大富翁"游戏，通过分组、掷骰子、问答等一系列游戏环节，分享了奢华酒店、旅行运营商与旅行社的知识点。北京站的旅业专场则采用了更具当地特色的"胡同寻宝"活动，让奢华酒店、旅行运营商与旅行社朋友组队，在老北京院落里探索那一砖一瓦背后的故事。

上海、北京两场媒体活动，则特别设计了 We Chat 圆桌下午茶，通过地图打卡的形式，为媒体小伙伴与奢华酒店、旅行运营商创造了面对面交流的机会。酒店与运营商代表们也用心十足，精心准备了最能代表性酒店亮点的"宝贝"，例如，维珍臻选酒店集团的吉祥物"小鸭子"、洛桑美岸皇宫酒店的"五境界"水疗香氛，还有苏黎世博安湖畔酒店的迷你版圣诞树、迪拜阿玛尼酒店的"土豪"巧克力……加上不同呼应酒店主题色的花艺和鸡尾酒，让人身临其境。

设计为何
托尼克视觉设计展

2019 年 3 月 30 日 ~6 月 2 日，上海当代艺术博物馆设计中心 psD 举办"设计为何：托尼克视觉设计展"。借助旗帜、织毯、动态投影等非常规的展出方式，展览将回看荷兰设计团队托尼克（thonik）过往 25 年设计生涯的 14 组代表作品。面向一个跨媒介更迭视觉传播的时代，"设计为何"掷地有声地抛出了一个迫切的问题，即平面设计作为一种媒介在数字化时代的今天的本质与意义，以及设计工作者当今的身份现状。

展览理念与结构来源于托尼克的同名出版物《设计为何》。围绕"激进"、"观念"、"民主"、"我们与他们"、"系统"、"独立"、"露出"、"公共"、"影响"、"赋权"、"改变"11 个关键词，展览在 11 个独立空间中呈现了托尼克过往及开展中的项目，邀请观者在漫步、穿梭、观看的过程中体验设计的力量。

托尼克是由设计师妮基·冈尼森（Nikki Gonnissen）、托马斯·威德肖温（Thomas Widdershoven）于 1993 年在荷兰阿姆斯特丹创立的知名设计团队。他们先后受启于后现代平面设计思潮与索尔·勒维特的观念艺术，注重设计观念的直率的表达。即便经历了无数次设计迭代，他们仍延续了对于观念的纯粹追求。他们以"文字作为图形"的理念为荷兰阿姆斯特丹公共图书馆设计了字体，彰显了书籍庇护自由思想、促进知识源远流长的品牌形象。

戴森推出 V11 Absolute
智能无绳吸尘器

戴森于近日在上海开展分享会，聚焦全新 Dyson V11 Absolute 智能无绳吸尘器。结合软件与硬件，戴森 V11 智能无绳吸尘器可帮助用户轻松深度清洁家中四处，吸除微尘及过敏原，指尘螨排泄物、花粉、霉菌、细菌、毛发等。它是戴森逾十年来对吸尘器产品的不断改进，以及二十几年来在数码马达上精进钻研的成果。315 位戴森工程师在这款产品上投入了心血，仅研发中所制造的零部件原型就多达 32,500 个。

戴森 V11 Absolute 智能无绳吸尘器以智能技术改变大家的传统清洁方式。它可智能感应并根据地面类型自动调适，深度清洁家中四处。全新液晶屏可实时报告机器性能状态，包括剩余运行时间。内置 DLS 动态负载传感系统根据地面类型自动调节功能，戴森 V11 数码马达每分钟转速高达 125,000 转，打造戴森最强劲 3 的无绳吸尘器。戴森迄今最强劲的芯锂离子电池配合戴森触键开关，持续提供高达 60 分钟地面运行时间。

"追梦·山水间"
程泰宁建筑作品展·上海站盛大开幕

2019 年 4 月 9 日，"追梦·山水间"程泰宁建筑作品展·上海站在同济大学博物馆拉开帷幕。此次展览由中国建筑学会、中国工程院土木、水利与建筑工程学部、同济大学、东南大学联合主办，长三角建筑师学会联盟、上海市建筑学会协办，同济大学博物馆、同济大学建筑与城市规划学院、东南大学建筑学院、东南大学建筑设计与理论研究中心、筑境设计联合承办。

开幕式现场，主办、协办、承办单位的领导、建筑大师、业界翘楚、专家学者近百人济济一堂，共同见证程泰宁建筑作品展·上海站的盛大开启。

此次上海站作为程泰宁建筑作品巡展的第二站，精心挑选了程泰宁先生从业以来的 19 个项目，包括加纳国家剧院、浙江美术馆、杭州黄龙饭店、南京博物院、建川博物馆战俘馆、温岭博物馆、中华国乐中心等，以视频、模型、图片、文字等多种方式呈现出程泰宁先生在不同地域、不同文化、不同建筑类型中的创作实践，展现其对中国当代建筑创作实践与理论建构的深层思考。

"Design Reconstruction" Green Life Art Creative Exhibition

9th

2019 第九届"设计再造"绿色生活艺术创意展

观察力、创造力、想象力是引领未来的力量，正是因为这些力量，让我们重新认识世界，改变生活。什么能变废为宝？
什么能让我们更节约资源？发挥你的创意，带着你的设计，即刻加入"设计再造"，改变你我他！

国家艺术基金项目——开始征集作品啦

主办单位：中国建筑学会
承办单位：中国建筑学会室内设计分会

联系方式：
联系人：崔林、刘伟震
电话：010-68715654
网址：www.iid-asc.cn
E-mail：iid_asc@163.com

"设计再造"创意展

国家藝術基金
CHINA NATIONAL ARTS FUND

中国
室内设计艺术
千年回眸

时序迭进
长风浩荡
穿越千年
气度从容

总策划：沈元勤 张绮曼 张绮莎
总监制：咸大庆
总顾问：靳尚谊 张绮莎
主编：张绮曼 常沙娜

我国第一部以中国历代室内设计的风格样式特征为主线，全面系统地展现中国优秀室内设计的新型音像制品，2018年12月公开出版发行。

内容介绍

室内设计，建筑的灵魂，时代的印记，文化的传承

93集大型音像制品《中国室内设计艺术 千年回眸》，秉承"扬中华优秀传统文化，展千年室内设计艺术"的初心

由国内室内设计领域著名教授组成的专家团队，在多年研究成果基础上，将室内设计艺术贯穿于影像的叙述中，用大量的史料和典型案例，以中国历代建筑室内设计风格为主线，展现室内设计发展脉络

本片运用电视语言形象生动地描述了中国人几千年来的生态状况、生活方式、居住理念和室内空间艺术特征的发展变化

包括原始社会夏商周、春秋战国、秦汉、魏晋南北朝、隋唐五代、宋代、元代、明代、清代、民国时期和传统居室陈设艺术专题、室内设计艺术专题12个部分

内容系统丰富，专业权威，旨在为我国从事环境艺术设计、室内设计工作者提供重要的学习和设计参考，也为非专业人士提供了解中国传统居住文化艺术，提高艺术修养的观赏资料

CHINESE
INTERIOR
DESIGN
ART
THOUSANDS
OF
YEARS
IN
THE
MAKING

内容截图

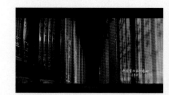

定价：1680元

经销单位：各地新华书店、建筑书店
网络销售：本社网址 http://www.cabp.com.cn
中国建筑出版在线 http://www.cabplink.com
中国建筑书店 http://www.china-building.com.cn
本社淘宝天猫商城 http://zgjzgycbs.tmall.com
博库书城 http://www.bookuu.com

销售咨询电话：010-58337157（营销中心）
010-68866924（市场部）

室内设计师二维码　中国建筑工业出版社官微二维码　建工社微课程

出品：
中国建筑工业出版社
CHINA ARCHITECTURE & BUILDING PRESS

上海烨城文化传播有限公司
Shanghai Yecheng Media Ltd.

摄制：
上海烨城文化传播有限公司
Shanghai Yecheng Media Ltd.